タラの歴史

COD: A GLOBAL HISTORY

ELISABETH TOWNSEND
エリザベス・タウンセンド【著】
内田智穂子【訳】

原書房

目次

第3章　タラ戦争と漁業の発展　57

第4章　貿易により世界中に広まったタラ　83

［……］は翻訳者による注記である。

第1章◉タラとはどんな魚？

北大西洋で獲れるタイセイヨウタラは昔から世界中でもっとも売れている魚だ。かつてありあまるほど生息していたタラは、世界各地の探検を支えた万能の食材とされ、北アメリカやヨーロッパの経済にも多大な影響を及ぼした。漁師一家に仕事と栄養を与え、貧しい国ではおもな食材となり、また、とりわけキリスト教徒にとって、断食の期間に食べる肉の代用品であり続けてきた。タンパク質が豊富に含まれる貴重なタラは、ヴァイキングの遠征、ポルトガル人の探検、漁船や海賊船の船乗りにとって欠かせない大事な栄養源であり、そしてなによりも初めて世界中に出回った価値ある交易品のひとつだった。

タイセイヨウタラ（学名 *Gadus morhua*）［以降、「タラ」は「タイセイヨウタラ」をさす］は400万〜500万年の歴史を持ち、世界史上、重要な出来事の多くにおいて不可欠な役割を担ってきた。ヴァイキングやバスク人はタラの保存法を考案し、生活ががらりと変わった。もし干しタラがなかったら、8世紀のヴァイキングはいつでも食事が取れる海岸から離

タイセイヨウタラ（学名 *Gadus morhua*）。誕生したのは400万〜500万年前だ。

れられなかっただろう。ノルウェー北部の冷たく乾いた空気は、タラを乾燥させるのに最適だった。おかげで、ヴァイキングははるか遠く、北アメリカまでの長旅に出られたのだ。早くも15世紀、バスク人にとっては塩タラが同様の役目を果たしていたようだ。バスク人はクジラを追って北大西洋に遠征しているさなか、タラを発見した。彼らは塩を利用して、本来捕獲したかったクジラの代わりにタラを保存した。当時、スパイスを運ぶ新しい海路の開拓競争が激化しており、そんななか無尽蔵とも思われるタラの魚群が発見され、20世紀には「タラ戦争」まで引き起こしている。大西洋横断の航海に欠かせない食料源だったタラは奴隷貿易にも影響を与えた。こんにち、ナイジェリア人は寛大なノルウェー人が紹介してくれた干しタラに目がない。

現在、私たちはこの必要不可欠な食材の存続を脅かす問題に直面している。人間はクジラ、パンダ、ゾウなど多くの生物を狩猟したり搾取したりしてきた。かけがえのないタラを同じ危険にさらすことなく、持続可能性（サステナビリティ）を維持し、これからも味わい続けるために、私たちになにができるだろうか？

◉雑食魚タラ

大型のタイセイヨウタラほど貪欲な雑食魚はいない。タイセイヨウタラの胃袋からは、とても食べられない、想像を絶するようなものがいくつも見つかっている。女性の結婚指輪、部分入れ歯、木片や布切れ、古いブーツ、シガレットケース、油差し、ゴム製の人形などなど。これらの多くは、おそらく、旅客船、漁船、貨物船の乗員が落としたものだろう。タラは貝を丸飲みすることで知られている。胃液が貝の身まで分解するのだ。タラの胃から、消化しにくい二枚貝の殻が6～7組出てきたという例さえある。

タラの胃に残る珍しい貝を探し求める者もいた。深海に棲（す）む大きな貝の殻が初めて見つかったのは、タラの胃の中だったのだ。タラには味覚がないように思われるが、自分たちの種（しゅ）の存続にとってきわめて重要な飼料魚カラフトシシャモやニシンをとくに好んで食べる。こうしたエサが見つからないときは、カニ、ロブスター、大きなタマガイ、クモヒトデのほか、さまざまなエビ類を食べる。共食いもし、他の小魚とともに17〜20センチくらいまでの我が子孫さえ貪り食う。信じがたいことに、アラン・デイヴィッドソンが論文『北大西洋のシーフード *North Atlantic Seafood*』で報告しているように、1626年、漁師が釣ったタラが「3つの論文を載せた本」を飲み込んでいたという。この本はのちにケンブリッジ大学副総長に贈られた。

前述のとおり、結婚指輪を食べたという話も残っている。1871年、カナダ、ニューファンドランドの漁師が大きなタラのはらわたを取り、塩漬けにしようとしていたそのとき、タラが最後に食べたエサが甲板に落ちた。魚の骨や貝殻、まだ消化していないエサに混じっていたのは、きらりと光る小さなものだった。金の結婚指輪だ。胃酸に磨かれてきらきらと輝いていたが、内側に刻まれた文字は判読不能だった。地域新聞社の調査によって、持ち主だった故人が判明した――蒸気船アングロ・サクソン号に乗っていた旅客だ。アングロ・サクソン号はニューファンドランドのチャンス・コーヴ付近で行方不明になり転覆した。女性の遺骸が海流によって散らばり、海底に落ちていた指輪をタラが飲み込んだのだ。

なぜ、タラはなんでもかんでも食いつくのか？　とくに大型のタラは、事実、巨大で強欲なので不思議ではないだろう。釣り針にエサがついていようがいまいが、とくに光っていたら飛びつくのだ。巨大タラとして残っている最古の記録は、1838年、ジョージズバン

ナイジェリア、アブジャの市場で売られている干しタラ。

クで捕獲したタラで82キロだった。しかし、1895年5月、商売目的の漁師が史上最大となるタラを釣り上げた——体重96キロ、全長1・8メートル以上。ついたあだ名は「長老タラ」。マサチューセッツ州の海岸沖で釣り糸にかかったタラだった。

◉生態と繁殖

タラはおもに海水の冷たい大陸棚に棲み、水深500～600メートル以内でよく見られる。タイセイヨウタラの生息地は、大西洋西部ではノースカロライナ州ハタラス岬からグリーンランド海やラブラドル海などグリーンランドの両沿

巨大なタラを手にするロフォーテン諸島の漁師。1910年。ノルウェー人の生活を追うノルウェーの写真家、アンダース・ビア・ウィルス撮影。

海に、東部ではビスケー湾からバルト海、バレンツ海、北海など、北極海にまで広がっている。

タイセイヨウタラは地理的な生息地別に26のグループがある。タイセイヨウタラ（学名*Gadus morhua*）をはじめこうした魚の種（しゅ）が成す群れは「ストック」（亜集団）と呼ばれ、最初に沿岸付近で小さな群れを作り、やがて回遊魚として大集団を形成する。現在、もっとも生息数が多いのは北極北東部（バレンツ海）やアイスランドのタラだ。逆に、もっとも減少しているのは、カナダのニュー・ブランズウィック州とケベック州の沖合、セントローレンス湾南部に棲む中サイズのタラだ。海洋生物学教授ジョージ・A・ローズいわく、このタラはハイイロアザラシ、別名「タラ殺し」が増加したせいで、生物学的観点からして絶滅の危機に瀕している。ニューファンドランド・ラブラドル州、西グリーンランド、ニューイングランドの近海や北海南部のタラも、気候変動などが原因で苦しんでいる。姿を消してまもない沿海の小さな群れにいたっては、いなくなったことに誰も気づいていないかもしれない。

ニューファンドランドで生まれ、人生をタラの研究に捧げているローズは「タラは回遊魚だ」と指摘する。タラは適応性が高く、あらゆる環境で生きていけることもあって、優位な立場にいる魚だ。冷水に棲む水底魚はふたつのグループに分けられる——ひとつは、回遊性の高いとりわけ大きな群れで、もうひとつは沿海の湾にとどまってほとんど移動しない小さ

巨大なタラ。現在もまれに見つかるが、この写真が撮影された当時よりも珍しい。写っているのは、アイスランドのトロール船ヴェール号の甲板員、アガスト・オラフソン。1925年頃。

な群れだ。ローズによると、「事実、どの大陸棚にもタラは生息している」。エサの種類をさほど選ばず、海水の塩分濃度や海水温など、各地の環境に順応できるからだ。

複雑な求愛活動や放精放卵の期間中、タラは非常に正確な回帰性を発揮し、エサを獲る区域と産卵場を往来する。とても社会的な種で、群れを成して行動する。群れが繁殖をおこなう場所はかなりの範囲――320キロ――にのぼるが、局所的な場合もある。一部の研究者は、大型のタラが偵察役となって移動の舵取りをしていると考えている。

いくつかの群れがまじり合うこともあれば、独立していることもある。沿海のグループと大西洋北東部に棲む代表的なグループのあいだに遺伝的な相違点が見つかった。ニューファンドランド沿海に棲む稚魚の血液には、極寒の海でも生きていけるよう不凍糖タンパク質が含まれているのだ。5年くらいするとその必要もなくなり、凍てつく海水から元気に移動していく。沿海のグループは浅瀬に棲み、他のグループは深い海底付近で暮らす。後者は放精放卵をするときやエサを追っていないときは海底から100メートルほど上昇して水面に近づき、豊富にいる小魚、好物のカラフトシシャモをはじめ、ほぼなんでも食べる。砂や砂利の多い岩だらけの海底でもエサを探し、海岸近くの深い岩棚ではアイリッシュモスなどの海藻もあさる。

釣り人がタラを釣るとき、サイズ以外、どんな特徴で見分けるのだろう？　なにしろタラは外見のありふれた魚だ。しかし、小さなことだがひとつだけはっきりと違う点がある――下あごの先から垂れているひげだ。ナマズのひげに似ていて、この垂れたあごひげには味蕾がある。腹やエラの下部にある鰭条（きじょう）［ひれを構成する細長い骨］にも味蕾があり、海底にあるエサを見つけるのに役立っている。本来は目で探すため、エサを見つけるには光が要る。しかし、体の大きなタラは多種の生きた藻、魚、無脊椎動物のにおいをひげで感じ取る。大きな頭部の先端にある口は緩やかに尖っていて、それを海底に突っ込み、石ころをどかしたり、口に砂利を含んでショベルカーのように運んだりもする。奇妙なことに、砂に埋もれた

タイセイヨウタラはヨーロッパ北部から北アメリカまで広範囲に生息している。

エサはひげで感知することができないのだ。タラの上下のあごには小さな歯がたくさん生えていて、これでガツガツとエサに食らいつく。

タラを釣るとわかるが、通常、側面のエラから尾にかけて淡い色の曲線が走っている。この曲線がタラとコダラの違いだ。タラには上部（背）に3枚、下部（肛門）と胸部（腹）付近に各2枚、ひれがある。スケトウダラと違うのは、特徴のない四角い箒（ほうき）のような尾、突き出た上あご、まだら模様だ。体と頭は小さなうろこに覆われている。

カメレオン同様、タラも外見を変えることができる。模様、濃淡、色合いなど、身を守るためのカモフラージュだろう。タラの典型的な色は、環境、場所、エサで決まり、身を隠すために役立っている。色は大きくふたつのグループ――灰緑黄色系と赤茶色系――に分かれ、どちらも腹部は体の色を白っぽくした淡い色だ。ほとんどのタラは、腹と口を除き、体の上半分、ひれ、尾、頭の側面は小さな斑点模様になっている。

タラの身は硬めのフレーク状で、口当たりがよい。これはエサの効果で、味と食感に現れている。栄養価が高く、調理は簡単でレシピも幅広い。また、サケより脂肪分が少ないため、乾燥や塩漬けに向いている。数世紀前から、タラは口先から尾まですべて消費するのが慣習だ。頬や「舌」と呼ばれる喉の筋肉がおいしいから、と、頭部を好む釣り人もいる。頭や骨からはだし汁をとってスープやシチューに使う。オランダ人は大きなタラの尾を焼いて食べる。珍味のタラコはノルウェー・ワッフルの材料で、フラマン人［ベルギー北部を中心にオランダやフランスなど北海沿岸に住む民族］の漁師はゆでたり揚げたりしてトーストやパンに乗せて食べる。タラは浮き袋でさえ食材になるのだ。しかし、最近ではほとんどの消費者が魚売り場で買える肉厚の切り身を味わっている。

タラの繊細な味にはさまざまな理由がある。タラは食欲旺盛で、つねに食べるものを探している。もちろん、エサは棲んでいる海になにがいるか、成長のどの段階にいるかによって変わる。仔魚［孵化から骨やひれができるまで。分けかたは諸説あるが、一般に魚は仔魚、稚魚、幼魚、若魚と成長し、成魚になる］は栄養源として植物プランクトンのみを主食とし、若魚は小さな甲殻類を食べる。中型のタラは小魚や大きな甲殻類をエサにする。大型のタラは、と

タイセイヨウタラ（学名 *Gadus morhua*）の垂れているあごひげと、エラから尾にかけて体側を走るカーブした薄い色のラインは、コダラなど他の魚と区別するポイントだ。

くにエールワイフ、カラフトシシャモ、ニシン、メンハーデンなど、群れを成す魚に食いつく。カニやイカも好物なので、漁師はバイガイや大きな甲殻類とともにエサ用として捕獲している。

カチッ、ブー、バン、トントン、（ドラムのような）ドンドン――とてもタラが出す音だとは思えない。しかし、研究者の検証により、タラは他の80種以上の魚と同様、音を出せることがわかった。さらに、タラは音を聞き取り、その音がどの方向からくるかを探知していることも証明された。タラは浮き袋の振動を内耳に伝えて音を感じ取る。この浮き袋は音を出すときにも利用する。浮き袋を囲む筋肉を振動させ、カチカチ等、さまざまな音を作り出すのだ。また、タラは捕食者が現れて動揺したり驚いたりしたとき、敵を脅すためにも音を出す。この能力は繁殖期にも役立つ。音はオスとメスどちらも出すが、オスはメスを誘惑するための手段にしているようだ。研究者の推測では、大きな筋肉を持つ強いオスが音の大きさを競ってメスを奪い合ったり、他のオスを威嚇したりする。ある調査によると、人間がガスや石油の探査や掘削で出す音が、魚が求愛のために出す音、ひいては魚の存続を脅かしているらしい。刺し網［魚の通り道に仕掛ける帯状の網。魚をひっかけて獲る］のような固定型漁具と同様、トロール網［底引網のひとつ。三角形の袋網。動力船で引いて魚を獲る］もタラの集団産卵を妨害し、長期にわたるストレス反応を引き起こしている。こうして産卵が遅れると、受精や生存に悪影響が及ぶのだ。

19世紀のフランスの作家アレクサンドル・デュマが１８７３年に『デュマの大料理事典』［辻静雄ほか編訳／岩波書店／１９９３年］でこんなことを書いている。「計算によれば、卵が孵化するのになんの事故もなく、すべての鱈がいまあげたくらいの大きさになったとすれば、三年を経ずして海が鱈で満ちあふれ、足をぬらさずに鱈の背伝いに大西洋を渡ることができるはずである」。むろん、これは空想だが、タラが膨大な数の卵を産むことは事実だ。産卵数の最多記録は全長１４０センチのメスが産んだ１２００万個。全長50センチでもたった1度の繁殖期に５００万個を産むこともある。サイズによって毎年１００万～４００万個の卵を産むが、1回の放出は全数のわずか5～25パーセントにすぎない。メスは毎シーズン、数回産卵するが、パートナーは毎回違う。捕獲されている数週間のあいだにも約20の卵塊を

「3匹の大きなタラ」。1910年。アンダース・ビア・ウィルス撮影。

産み、そのひとつに数千個の卵が含まれる。タラは年に1回産卵期を迎える。おもに晩冬、春、夏で、いくぶんずれることもある。タイミングは、稚魚になったら食べる動物プランクトンの成長に合わせているようだが、そううまく実現できるものではない。

タラは、産卵期、とくに冬と春は、温かい海水を求めて移動し、3週間から3か月ほどそこにとどまる。オスもメスも性的に成熟していなければならないが、その年齢は個体群によって異なり、成長率や海水温に左右される。たとえば、一部のメスは6歳～11歳にならないと産卵の準備が整わない。かたや、2歳で成熟するメスもいる。オスの攻撃的な行動は産卵期の3週間前に始まる。もちろん、求愛行動があり、オスは音を出してメスを誘惑する。研究者の仮説によれば、メスはパートナーを音の強さや大きさで選んでいるらしい。オスは背びれを立て、体をくねらせて泳ぐ。そして、通常、産卵をおこなう夜、メスが水中で浮上すると、オスはメスの上下を泳ぎ、やがて腹部と腹部を合わせる──人間でいう正常位だ。このとき、多くのタラのカップルが1か所に集中し、ぐるぐると円を描くように泳ぐ。しばらくするとオスが腹びれでメスの側面を押さえ、メスの下に入って仰向けになり、腹上位を取る。では、受精はどのように起こるのだろうか？　1887年、孵化場でタラの産卵を観察し、初めて受精の研究結果を発表したとされるオランダの生物学者G・M・ダンネヴィグによると、オスとメスが向き合って生殖器を開き、メスが放出して漂っている卵群に向かって、オスが放出した精子が浮かんでいくという。この間、約10秒。はい、受精完了！タラの集団が激しく泳ぎ回っているため、その水流に乗って卵子が受精する。ただし、受精の相手はパートナーの精子とはかぎらない。

育児については忘れよう。タラは子供を育てない。卵子と精子を放出し、受精卵を大海の流れに乗せるだけだ。メスが多産なのは運がよかった。卵を100万～400万個産んでも1個しか成魚になれないような環境なのだ。もし、成魚が卵を食べなければ状況は変わるだろうが、タラの卵はコダラの卵と見分けがつかない。仔魚もしかりだ。それに、卵は他の魚や海鳥のエサにもなる。温度にも敏感で、温かすぎたり冷たすぎたりする場所に流れてい

16世紀、オランダの魚市場で売られているタラ。ヨアヒム・ブーケラールの弟子による作品。「魚市場」。1595年頃。パネルに油彩。

く可能性もある。ローズはタラの卵を「大海で光る、とても美しくかわいらしい宝石だ」と表現している。

海面付近に漂いながら成長している卵は1〜8週間たつと孵化し、仔魚になる。仔魚は植物プランクトンをガツガツ食べ、やがて稚魚となり、海底に泳いでいって無脊椎動物をむさぼるように食べはじめる。

風の強いグリーンランドのヴェストフィヨルドはときに「世界最大の分娩室」とも呼ばれ、北ヨーロッパでどこよりも重要な産卵場となっている。ヴェストフィヨルドはノルウェー本土と、ヴェステローデン諸島およびロフォーテン諸島からなる半島のあいだに位置し、ロフォーテン諸島の漁業は石器時代から栄えてきた。1000年以上、ノースマン［古代スカンディナヴィア人、おもにノルウェー人、ヴァイキングをさす］はこのフィヨルドでタラを釣り、干しタラやタラの肝油を売ってきた。大西洋北西部では、産卵はおもにニューイングランド南方、メイン湾以北でおこなわれる。タラの産卵期、巨大な魚群の移動とエサ探しの旅は320キロ以上に及ぶ。

タラが移動するおもな目的は産卵だ。かなりの長距離を移動するタラもいれば、数十キロ程度しか移動しないタラもいる。ヨーロッパのタラの移動で確認が取れている最長記録は——1957年6月に北海でタグをつけたタラが、1962年1月にグランドバンクス［カナダ、ニューファンドランド島南東沖の大陸棚］で捕獲された——大西洋横断、約3200キロだった。しかし、このタラがなぜこれほどの長旅をしたのかはわからない。わかっているのは、一年を通して、気候の変化に合わせ、決まったように季節的な移動をするということだけだ。

タラの寿命はどのくらいなのだろう？　卵として数時間しか生きられないタラから、20年以上生きるタラまでさまざまだ。推定では20〜25年とされるが、ごく最近は15年以上生きることはめったにない。研究者の調査によると、タラには頭蓋骨の内部に耳石（平衡石）があり、それによって年齢がわかるらしい。まさに木の年輪と同じ仕組みだ。耳石を横に切ると、色の明るい線と暗い線が交互に重なっていて、1組が1年に相当する。『タラ *The Cod*』

タラを抱えたメイン湾研究所の研究員、ザック・ホワイトナー。水温の変化が魚に与える影響を調査するため、サンプルを収集しているところ。

（1972年）の著者アルバート・C・ジェンセンによれば、耳石は「真珠のように白い炭酸カルシウムで、薄いライマメ［インゲンマメの一種］に似て」おり、タラの平衡感覚を保っている。

タラの成魚は捕食者から逃げられるほど速く泳げないが、それでかまわない。敵——おもにタテゴトアザラシ、ゼニガタアザラシ、屈強なサメ——がほとんどいないからだ。とはいえ、タラは14種の魚に影響を受けやすい。なかでも、他のタラ、ツノザメ、ヒラメ、ケムシカジカだ。ときにはエイ、メルルーサ、スルメイカも敵になる。カナダ東部に棲むハイイロアザラシの大好物はタラだ。タラの仔魚や稚魚は、小さな捕食性動物プランクトンや、他のタラ、サメ、オヒョウ、イカなどにも攻撃を受けやすい。タラの成魚はカチカチと音を出したり、急に勢いよく泳ぎ出したりして敵をかわすが、他の魚にはあるものがない。速く泳ぐためのエネルギーを得る体側筋、つまり、血合いがほとんどないのだ。しかし、裏を返せば、ローズが記したとおり、「タラは驚異的な捕食者で、攻撃時には瞬発力を発揮してものすごいスピードで泳ぐ――まるでヒョウのように」。もちろん、人間という敵はまた別の問題だ。

◉起源

何世紀ものあいだ、沿岸の多くの漁村ではタラを単に総称の「魚」と呼んでいた。「cod（タラ）」という単語の起源はわかっていない。1758年、学名「*Gadus morhua*」をつけたのは、スウェーデンの植物学者、カール・リンネだった。ギリシア語で魚を意味する「gados」とラテン語でタラを意味する「morua」が由来だ。かつては海にごまんと生息していたこのタイセイヨウタラはタラ目タラ科タラ属の魚だ。タラ属にはタイセイヨウタラのほかにも太平洋に棲む2種（あるいは3種）が含まれる。スケトウダラ（学名 *Gadus chalcogrammus*）とマダラ（学名 *Gadus macrocephalus*）だ。グリーンランドタラ（別名ロックコッド、学名 *Ga-*

北極線より北に位置するノルウェーのロフォーテン諸島。写真左下の突き出た部分。昔から世界でも有数のタラ大漁の地となっている。

dus ogac）がマダラと同種なのか、かなりの近縁なのかはまだはっきりしていない。

現在のタラの起源は化石や科学のおかげでかなり解明されているようだ。タイセイヨウタラは北大西洋原産、あるいは、北大西洋特有のタラ属の魚であり、タラ科というさらに大きなグループに含まれる。タラ科は、遺伝学的分析、および、グリーンランドと北大西洋で発見された化石によると、約5000万～6500万年前、北大西洋東部で誕生した。大陸と海の変動により、北方のタラの好物であるカラフトシシャモをはじめ、海洋生物や種の生息地が移動した。こうした変動により、約350万年前、タイセイヨウタラの先祖が北大西洋から太平洋にわたり、やがてマダラになった。約200万年前、タイセイヨウタラはふたたび太平洋まで旅をし、スケトウダラに進化した。研究者は、およそ10万年前にマダラが大西洋に帰り、グリーンランドタラ（ロックコッド）として生き延びていると考えている。また、コダラとスケトウダラはタラ科の先祖として発展したのだろう。

よく知られたコダラやシロイトダラは、たびたびタイセイヨウタラと一緒くたにされる。タイセイヨウタラはタラ目タラ科タラ属で、タラ科で現存する仲間には、コマイ、ビブ（フランスタラ）、プアコッド、ホワイティング、ホッキョクダラがいる。あきらかに、「タラ（英名コッド）」はタイセイヨウタラだけに使われている名称ではない。別属でもタイセイヨウトムコッドと呼ばれる魚がいるし、まったく別の部類の魚にもブラックコッドやブルーコッド（どちらもギンダラ）「見た目がタラに似ているカサゴ目ギンダラ科の魚」という名がついている。一般にタラとして知られるメルルーサもタラ目の近縁種だ。南半球では、近縁種でもないのにタラと命名されている魚がいる。

さらに、「タラ」という名にまつわる逸話は各地域に残っており、たとえばアラン・デイヴィッドソンは『北大西洋のシーフード』で眉唾物の話を紹介している。ニューイングランドで「scrod（スクロッド、若いタラの身）」という言葉が使われるようになった経緯だ。1855年、評判高き由緒あるボストン・パーカー・ハウスホテルが開業した。自慢にしていたのは、毎日、ごく新鮮な魚を仕入れていることだった。しかし、支配人は今日どんな魚が入ってくるのか、いつもわからなかった。そこで彼は、メニューに載せる魚の総称として「scrod」という単語を作った。現在は「若いタラの身」を意味する。ちなみに、若いコダラは「schrod」だ。違うのは「h」の有無で、しかもこの「h」は発音しない（いまだにコダラを「scrod」と綴る人がいても驚くなかれ）。また、若いタラは「コッドリング（codling）」とも呼ばれている。

北大西洋のタラにはさまざまな呼び名があり、食材として世界各地に広まったことがよくわかる。また、獲れたての生か、干物か、塩漬けかによっても名前は変わる。フランス人は塩漬けを「モリュ（morue）」、生を「キャビヨ（cabillaud）」と呼ぶ。スペイン語の「バカ

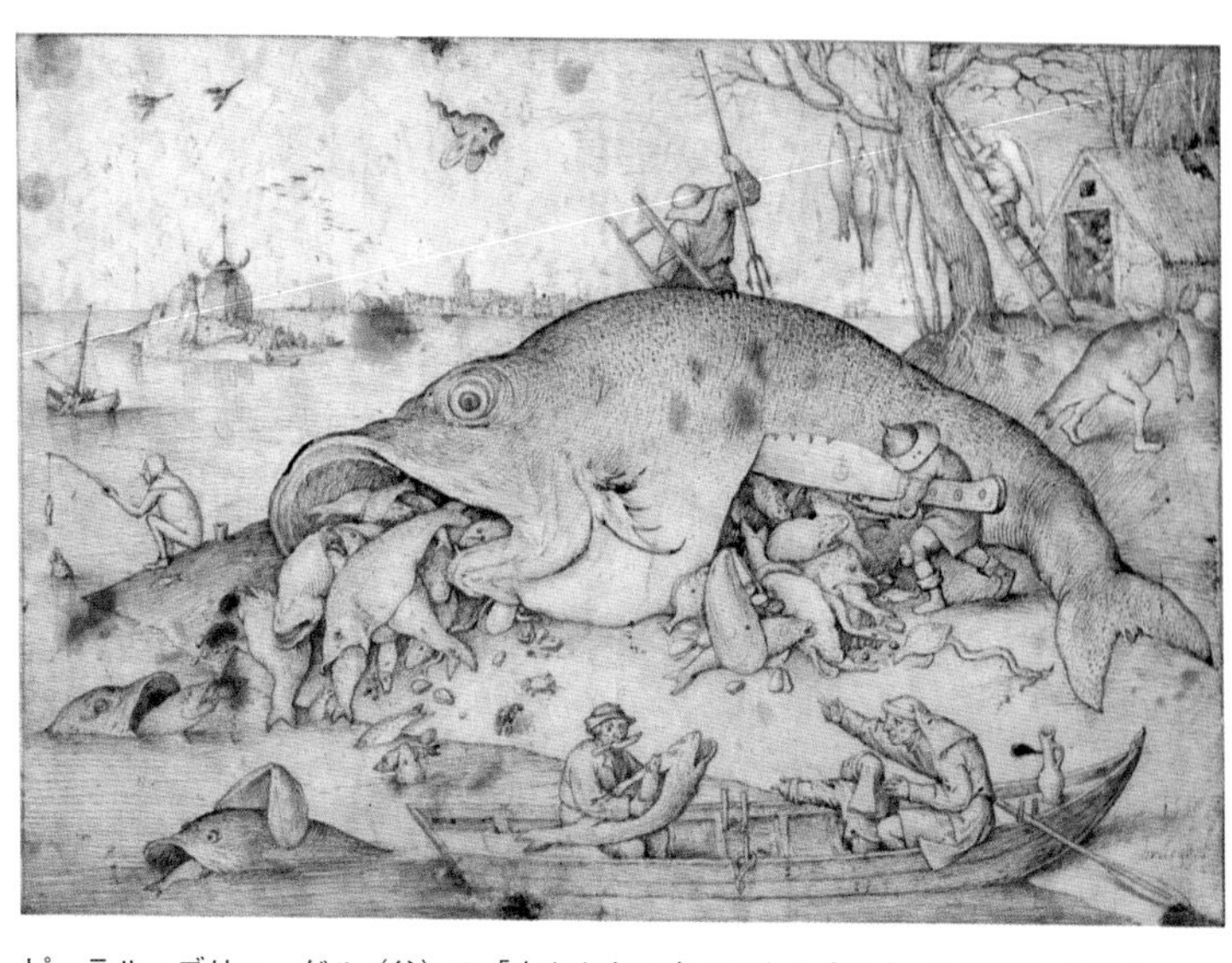

ピーテル・ブリューゲル（父）の「大きな魚は小さな魚を食う」。1556年。絵筆とペン、灰色と黒のインク。銅版画の豊かな表現がタラの貪欲さを際立たせている。

ラオ（bacalao）」（バスク語では「バカイロア（bakailoa）」）は塩漬けのタラをさし、1000年頃、勇敢なバスク人が冷たく危険な北大西洋に遠征し、捕鯨をするさいの食材だった。バスク人は塩でクジラを保存し、故郷に持ち帰っていた。イタリア語の「バッカラ（baccalà）」とポルトガル語の「バカリャウ（bacal-hau）」は、どちらも塩漬けして干したタラを意味し、日々のおもな食材となっている。ポルトガルではバカリャウが人気を博し、いまや国民食だ。デンマーク人、スウェーデン人、ノルウェー人は「トースク（torsk）」と呼び、ノルウェー人は別名「スクレイ（skrei）」を使うこともある。スクレイは、古ノルウェー

アイスランドのタラを釣り上げる漁師。現在でも危険な仕事だ。

語が由来で、現在、ノルウェー北極圏で獲れる生タラを意味する。いまは塩漬けして乾燥させることもあり、これらは「クリップフィスク（klippfisk）」（英語では「クリップフィッシュ（klipfish）」）と呼ばれている。ロシア人は「トレスカ（treska）」と呼び、アイスランド人はタラを意味する別の古ノルウェー語「ポルスカ（porskur）」、フェロー諸島の人は「トスカ（toskur）」を使っている。ノルウェー語の「ストックフィスク（stokkfisk）」または「トーフィスク（tørrfisk）」は、塩漬けにせず、棚に並べて屋外の冷気にさらした干しタラをさす。

干しタラと塩タラは、豊かな海を探索するヨーロッパ人の胃袋を支えた。塩タラのおかげでバスク人はクジラを求めてイベリア半島から何百キロも先まで航行できるようになった。のちに干しタラは、ヴァイキングが利益、権力、土地を手に入れるために新たな領土を略奪するあいだの食料になった。干しタラと造船技術の改良があったからこそ、ヴァイキングの船ははるか遠く、北アメリカに到達したのである。

第2章◉「発見の時代」を支えたタラ

ホモ・サピエンスは空腹だった。10世紀後半から11世紀前半にかけて、ヨーロッパの人口は農作物が不足するほど急増し、魚を欲する思いが膨らんだ。人間は、富、権力、地位を手に入れるためだけではなく、食欲を満たすために、危険を冒して未知の大海原へと魚を獲りに出ていった。当時、勇敢だったのが、干しタラを頼りに富と領土を追い求めたヴァイキングだったにせよ、クジラを探しているうちに偶然タラを見つけたバスク人漁師だったにせよ、あるいは、干しタラの交易を独占した北ヨーロッパのドイツ人だったにせよ、ヨーロッパ人は血気盛んに動いていた。

◉ヴァイキング

1000年以上、ノルウェー人はタラを捕獲してきた。初めて国際的な市場を築き、利益を得る漁業の幕を開けたのは、荒いノルウェー海に浮かぶロフォーテン諸島からヴェステローデン諸島にかけての北部地域だ。ノルウェー人の収入源は、塩漬けしない干しタラ、ストックフィッシュだった。北部諸島の気候は脂肪分のないタラを乾燥するのに最適だった。すでに10万年前、石器時代の漁師がおこなっていた最古の食品保存法だ。

中世から近世にかけて、原住民サーミ族とノルウェーの農民は自給自足をしており、家族の食料を入手するだけで精一杯だった。ヒツジやウシを飼い、冬は漁に出かけ、夏は内地の山腹に農地を見つけて牧草を育てていた。この「農夫・漁師」を組み合わせた世帯のことを、ノルウェーの歴史考古学者レイダー・バートルセンは「緑の脚（農夫）と青い脚（漁師）」を持つ家と表現し、さらに「緑の脚は女性で青い脚は男性だ」と強調している。

沿海のタラを獲るために、石器時代の地元民は、植物の繊維、ウマの毛やヒツジの腸を釣り糸にして、骨や角で作った釣り針と重りになる石をくくりつけていた。浅瀬では網を使った。こうした手釣り糸――先端に釣り針をつけた1本の釣り糸――は比較的深い海にボートを出して使うこともあった。彼らは巧みにタラを釣った。タラは食欲旺盛で、いったん捕まると抵抗しない。風で乾燥させた干しタラは一年を通して頼れる食材となった。ロフォーテン諸島の漁村にある貝塚を調査したところ、タラが主要な捕獲物だったことが判明した。頭部のない背骨だけの残骸は、ほとんどのタラが干しタラにされていた証だ。中世以降、タラは庶民がシチューに入れたりゆでたりして食べていたが、貴族は生タラや塩タラに、パセリのみじん切り、パン粉、塩、酢などで作る多種のグリーンソースをかけて味わっていた。

干しタラのおかげでヴァイキングは探検の旅に出ることができた。ヴァイキングは船の設計、建造、航海術、航法に長けていた。なかには無慈悲で激しやすいヴァイキングもいて、行く先々で襲撃し、物品を略奪した。8世紀後半から11世紀後半まで、冒険熱にのぼせたヴァイキングは、ヨーロッパの東部、中央部、北部、西部を旅して、ついには北アメリカの北東部沿岸に上陸した。『金曜の魚 *Fish on Friday*』の著者、ブライアン・フェイガンによると、ノースマンやノースとしても知られるヴァイキングには「力強い戦士の文化が根づいており、個人の名声、親族の絆、富は、全エネルギーを注いで得るべき宝」なのだ。8世紀後半、ヴァイキングは自給自足ができなくなると、別の場所へ移って強奪を繰り返し、のちに盗品を売って儲けていた。乾パンの一種として食べていた干しタラがあったからこそ、どちらも可能だったのだ。

793年に始まったヴァイキングのイギリス襲撃は、定住と植民地化につながった。原住民ブリトン人は、未熟な部分もありながら船乗りとしては最高の技術を持つヴァイキングからいろいろなことを学んだ。イギリスの住人は、こうした北ヨーロッパの侵略者たちからボートや魚の扱いかたを教わるまで、海水魚といえばサケ、チョウザメ、ニシンダマシなど遡河魚［産卵のため海から川へさかのぼる魚］しか食べたことがなかった。８００年、ヴァイキングはすでにスコットランド、アイルランド、フランスに侵攻していた。

ヴァイキングはもし塩が手に入らず、必要になったら、どこへ行けばいいかわかっていた――フランス、ナント西部沖の島、ノワールムティエの塩沼だ。８６０年、そこで信仰生活をしていたイギリス生まれの修道士エルメンタリウスが次のように書き残している。

> 船の数は増え続けるいっぽうだ。ヴァイキングの侵入はまったく止む気配がない。あちこちでキリスト教徒が虐殺され、放火や略奪の被害にあっている。ヴァイキングはどこへ行こうがすべてを征服し、抗う者はひとりもいない。彼らは、ボルドー、ペリグー、リモージュ、アングレーム、トゥールーズを占拠した。アンジェ、トゥール、オルレアンは壊滅状態で、数え切れぬほどの船団がセーヌ川を遡行している。

しかし、ヴァイキングは探検家だ。ヨーロッパにとどまらず、はるか先へと前進した。よく語られているのは、赤毛のエイリークとその息子レイフ・エリクソンの冒険譚だ。彼らは９８０年から１０００年頃、シェトランド諸島、フェロー諸島を越え、アイスランド、グリーンランド、次に、ラブラドル半島、ニューファンドランド島、そして北アメリカ北東部

美しいロフォーテン諸島はノルウェーのタラ産業の中心地だ。

へと進んでいった。このふたりはおそらく、アメリカを発見した初の北ヨーロッパ人で、クリストファー・コロンブスより500年も前のことだ。ニューファンドランドのランス・オ・メドーには1000年頃ヴァイキングが暮らしていた住居の跡がいくつかあるが、彼らは永住地を築かなかった。ニューファンドランドもラブラドルも、タラは冬よりも夏に沿岸に寄ってくる――つまり、スカンディナヴィア諸国のように、農夫と漁師の両立は不可能だったのだ。

活発なヴァイキングがどうしてあれほど長い冒険の旅を飢えずに生き延びられたのだろうか？それは、タンパク質豊富な干しタラを食べていたからだ――干しタラ1キロには生タラ5キロ分のタンパク質が含まれる。ノルウェー人は先祖代々、タラの釣りかたと乾燥法を心得ていた。

干しタラは、遅くとも800年代からずっと、北ヨーロッパで売買するためにアイスランドやノルウェーで製造されていたのだ。どちらの国も寒くて乾燥しており、干しタラの製造に不可欠な条件がそろっていた。干しタラは乾パンやジャーキーのように食べてもいいし、水に浸して戻し、ゆでて食べることもできた。

文書としては、アイスランドのサガ［12～13世紀に北ヨーロッパで発達した散文文学の総称］に、常食としての干しタラが記されている。1200年代に書かれた『エギルのサガ』［『アイスランドサガ』収録／谷口幸男訳／新潮社／1979年］は、アイスランド人農民や詩人の一族と、王との不和が原因でノルウェーから移住してきたヴァイキングの物語だ。850年から1000年頃の住人の暮らしぶりを描き、そのなかで、簡単に保存できるこのごちそうの当時の利用法や価値に触れている。ノルウェー人農夫はアイスランドに住んだ初期の定住者で、祖国と同じような気候を利用して干しタラを作っていたのだ。

ノルウェーもアイスランドも、タラの保存に最適な冷たく乾燥した風が吹いた。いっぽう、バスクには塩があった。バスク人は、早くも15世紀、大西洋で塩が採れることが知れわたるかなり前からあちこちを航行していたようだ。大胆不敵で敏腕なバスク人漁師は、ヴァイキングに続き2番目に北アメリカに到着したヨーロッパ人だと自負している。バスク地方――スペイン北中央部からフランス南西部――の土着民は遠く見知らぬ海に出て、ヨーロッパ人

ノルウェー語で「4本のオール」を意味する「フェーリング」は、オール2組を装備した屋根のないボートで、ときには小さな帆がついていることもある。スカンディナヴィアの西部や北部でよく見られる。このあたりでの漁は危険な仕事だ。突然の嵐に見舞われ、フェーリングのようなオールつきの小型船首尾同形船はたちまち浸水し、岩だらけの沿岸付近で転覆する。

が熱望している食物を探していた。クジラだ。近海では獲りすぎにより姿が見えなくなっていたのである。

他のほとんどの漁師同様、バスク人も自分たちの漁場をずっと隠し続けていた。クジラのエサであるニシンやタラの群れを追っているうち、バスク人はタラの巨大な群れを発見した。タラを塩漬けにすれば、長旅をさらに続けてもそのあいだの食料になる。おまけに、かなり日持ちする新商品にもなった。干し魚や、塩漬けしたクジラの赤身やニシンよりはるかに長持ちする。乾燥させて暑さや湿気を避ければ、2年以上持つのだ。

◉干しタラ

世界中で食料供給のありかたが激変しはじめたちょうどその頃、陰では人間とタラの関係にも変化が生じているとささやかれていた。800年頃のスコットランドでは、地元の食生活が変わった。突然、史料に、タラの骨と、遠い島に巣を作る海鳥の死骸が登場するのだ。こうした痕跡は、スコットランド人が大海深くに棲むタラを釣り、新しい島を探検しにいく頑強な船を作るすべを十分知っていた証拠だ。また、ヴァイキングがスコットランドに到着したことで、造船技術や深い海での漁法が発達したこともうかがえる。別の記録では、900年代なかばのベルギーでタラとニシンが登場している。

こうした画期的な出来事を機に、950年から1050年にかけてヨーロッパは激変した。多少のタラと大量のニシンをはじめ、海水魚の消費が一気に増加したのだ。ヴァイキングが北ヨーロッパに侵入して住みはじめたとき、海水魚、とりわけタラを消費する習慣も持ち込んだ。そして、造船、航海術、漁の技術も地域社会に導入した。以前より大きな船を使い、大海ならではの漁法を伝授した。1000年頃には大型船が建造され、沖に出て漁ができ

干し竿に並んだノルウェーの干しタラ。ノルウェー、アイスランド、フェロー諸島は、タラを乾燥させるのに理想的な土地で、気温が低く、湿気が少ない。

るようになった。これはヨーロッパ人にとってじつにタイミングがよかった。地元の淡水魚を捕獲しすぎて底を尽き、まさに新たな食材を探していたところだったのだ。

大型船が登場したのは幸運だった。ちょうどその頃、北ヨーロッパに新しい町がいくつも誕生し、自分たちで生産できる食料ではまにあわず、供給量を増やす必要に迫られていたからだ。新しい町の住民たちは、すぐに腐ってしまう生魚ではなく、日持ちする干しタラや塩漬けのニシンを食材に加えた。これは北ヨーロッパ人にとって食の大改革となった。

同時期、イギリスでは食材として淡水魚より海水魚の人気が高まり、タラの消費が増えた。イギリス人作家マイケル・パイに

オーセベリ船。戦闘や探検のために建造された速くて敏捷なヴァイキング船。ノルウェーのヴァイキング船博物館に展示されている。オールを装備した帆船で用途が広い。

よると、タラは当初、イギリスでは名前すらない魚だったようだ。また、魚の骨を調査している考古学者らのおかげで、タラはすぐさまイギリス中で食べられるようになったことがわかっている。イギリスとベルギーでは、9世紀から12世紀まで、タラやその他の海水魚のほとんどは北海近海で捕獲していた。保存食にはせず、生タラを使用していたようだ。13世紀になると、イギリスはじめヨーロッパの住人はノルウェーとバルト海から輸送される干しタラを消費した。この頃、フランス人も海水魚をたくさん食べるようになっていた。パイは『世界の果て *The Edge of the*

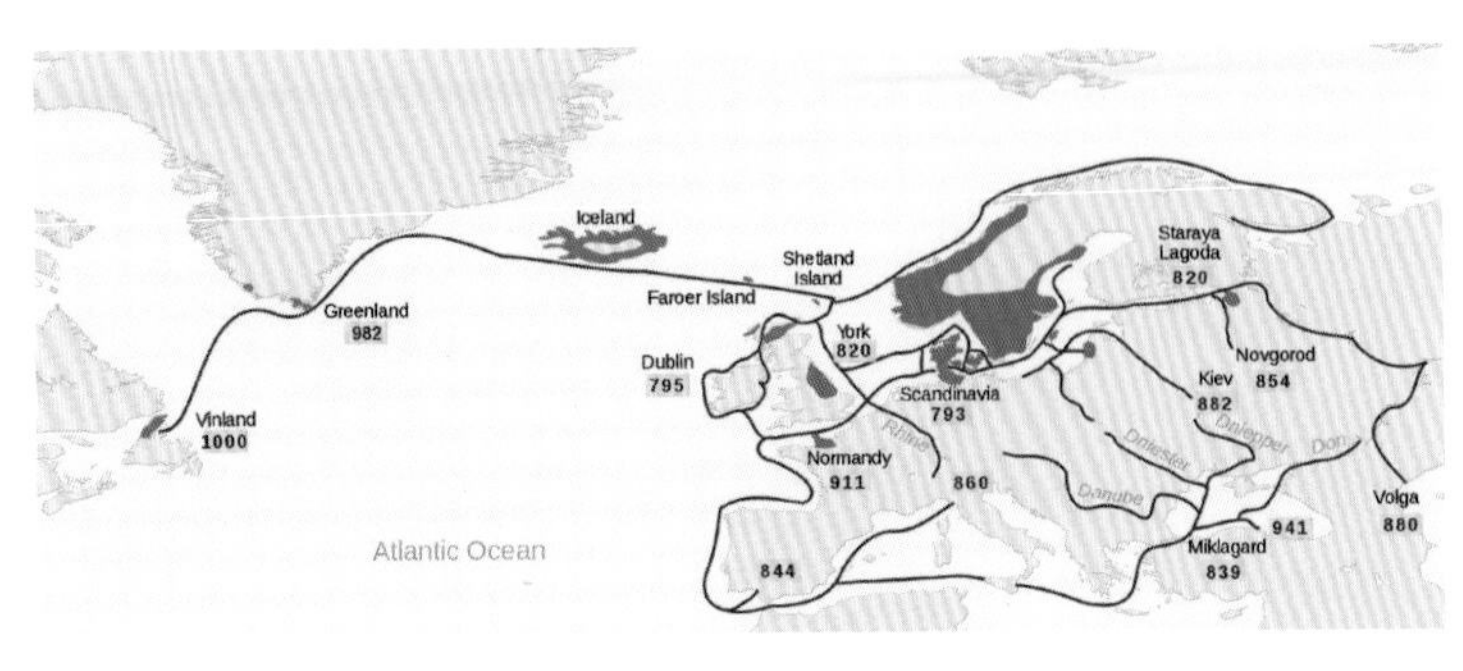

ヴァイキングの領土と探検路。

World』のなかで「海における漁が、初めて大地に食料をもたらした」と記している。

14世紀、干しタラの需要を増やしたもうひとつの要因は、ふたつの組織――ハンザ同盟とキリスト教会――で、タラを日々の食材の位置にまで押し上げた。12世紀後半、ドイツ北部にあるいくつかの町が協力して商業組合を結成し、海賊行為に立ち向かい、水産業を発展させた。ドイツ、リューベックを拠点とするハンザ同盟は、ヨーロッパの北岸一帯から、さらに北、過去約400年繁栄していたノルウェーのベルゲンまで、数世紀にわたって海上貿易を支配した。おもな沿岸都市では、干しタラを、穀物、毛皮、金属、塩、木材、布地などの日用品と交換した。ハンザ同盟は、ロシアのノヴゴロドから、ロンドン、アイスランド、ノルウェーまでを指揮下に置いた。ノルウェーでは、遠く離れた南西部の入植地、ベルゲン港から北部の干しタラ産業をほぼ独占し、塩タラなど他の大口商品も支配すべく奮闘した。

タラを乾燥しているところ。アイスランドのセイジスフィヨルズルにて。20世紀。

干しタラの交易が成長した時期、他種の魚をはじめタラの需要も増えた。14世紀、キリスト教徒は一年のうちほぼ半分近く、肉（そして性行為）を断って暮らしていた。どんどん裕福になっていく貴族の希望と同様、カトリック修道士の食事も好みが洗練され、贅沢になっていった。タラはまるで無尽蔵の資源であるかのように、減少していくニシンの代わりに食卓にのぼった。干しタラは軽くて運びやすいため、陸軍や、規模が大きくなりつつある海軍の主食にさえなった。6週間、食事が制限される四旬節［カトリック教会暦においてキリスト復活祭（毎年、春分の日に続く満月の次の日曜日）までの40日間］ではとくに注目が集まり、人々はいろいろな魚に頼った。事実、干しタラと塩タラは禁欲や懺悔と結びつけられ、四旬節では燻製とともによく食卓にのぼった。かたや、沿岸

アイスランドの塩タラ。何世紀にもわたり、多くの船乗りにとって栄養源だった。

の住人は生タラを食べていた。

中世の文献に、フランスのタラの調理法を記した本が2冊ある。14世紀前半、『タイユヴァンの食物譜 *Le Viandier de Taillevent*』の著者は「塩タラはマスタードソースか溶かした新鮮なバターをかけていただく」と書いている。この著者はタイユヴァンというあだ名を持つギヨーム・ティレルだと誤解されることがよくある。実際、ティレルはフランスの宮廷につかえた影響力のあるシェフで、パリでもひときわ有名なレストランの名前「タイユヴァン」の由来にもなっている（『タイユヴァンの食物譜』はティレルが生まれる前すでに出版されており、彼はこの本を活用し、編集した）。もう1冊、家事をテーマにした女性向けの本、中世フランスのガイドブック『パリの家政 *Le Ménagier de Paris*』（1393年）は、著者が、10代で結婚した娘のために書いたもので、「塩タラは適度に塩抜きをしないとしょっぱすぎる。逆に塩抜きをしすぎると風味が損なわれてしまう。したがって、購入したら小片を味見するように」とある。ただ、生タラはワインで調理し、ショウガやコショウなどのスパイス、タマネギ、酸味の強い果汁（プラム果汁にハーブのソレルを加える）、その他、ワインやガーリックなどで作ったジャンス・ソースをかけて食べていた。

生魚の需要は増えていった。人々はいろいろな種類の魚や質の高い魚を求めた。タラ以外の塩漬け魚は、腐ったり虫がついたりすることもあった。沿岸の修道院ではお抱えの漁師を

ノルウェーのタラ漁船。1924年。アンダース・ビア・ウィルス撮影。

雇い、清潔な海水魚を定期的に配送できるよう体制を整えた。タラの消費量が最多となった記録のひとつはこうした教団から出ている。新鮮な海水魚に散財したのは、1405年、イングランドのピーターバラにある小修道院で、干しタラと塩漬けニシンにも大枚をはたいている。復活祭直前の聖木曜日の宴には、コッドリング（若タラ）20尾、イシビラメ2尾、新鮮な塩漬けタラ6尾、大型のエイ2枚、バイガイ1500個、新鮮なサケとウナギ1尾ずつが振る舞われた。

15世紀には、どの階級層も塩漬けニシンよりはるかに干しタラを好むようになっていた。タラは捕獲も安定していたし、乾燥や塩漬けが容易で保存食にしやすか

ハンス・ダールの「フィヨルドを進む帆船」。1937年以前。キャンバスに油彩。ダールはフィヨルドや景色を描いたノルウェーの画家だ。

った。当時、イタリア人も隣国フランスになら い、干しタラを好むようになった。

1431年、クレタ島からフランドルに向けて航行していたヴェネチアの商人、ピエトロ・ケリーニ船長は激しい嵐に遭遇して航路をそれた。船は損壊し、彼と船員11名は冬の北海に向けて救命ボートで漂っていった。飢えに苦しみ、死にかけたとき、一行はついに岩だらけの島を発見した。ロフォーテン諸島の南端にたどり着いたのだ。1432年5月には故郷イタリアに戻れるまで回復し、大量の干しタラを——帰りは陸路で——持ち帰った。ケリーニ船長は当時の体験を日誌に書き残し、救助者が干しタラの料理を出してくれた様子も綴っている。薄くなるまで叩き、バターで和えたこのタラのおかげで、彼らは栄養を摂って健康を取り戻すことができた。結局、イタリアに初めて干しタラ（ストッカフィッソ）をもたらしたのはケリーニだったのだ（2012年、おそらく干しタラを題材とした唯一の叙情オペラ『ケリーニ』がロフォーテン諸島で上演された。これはケリーニの記録をもとに、ノルウェー人作曲家ヘニング・ソメーロが手がけた作品で、フィナンシャル・タイムズ紙に絶賛された）。

タラの需要が高まり、ニシンの回遊が不安定になるにつれ、イギリスの漁師たちはタラが大量に獲れる新たな漁場を求めてアイスランドに向かった（バスク人には遭遇しなかったと思われる）。イギリスからアイスランドに向かう船は、ハンザ同盟の船とどうしても航路が重なり、タラをめぐる初期の戦いが勃発した。アイスランドの干しタラ貿易はキリスト教徒の安定した需要に頼っていた。中心地ブリストルは栄えた港町で、ブリストル海峡の航海が危険だったにもかかわらず、戦略的には重要な場所に位置していた。1420年代にはまだ、ブリストルで干しタラを仕入れる商人はわずかだった。推測によると、1480年代、ブリストルにいた船はコロンブスより早く北アメリカを発見したが、当時、バスク人同様、タラの漁場を明かす者はひとりもいなかったようだ。15世紀を通して、ブリストルにいた数多くの船が魅惑的な干しタラをアイスランドから運び続けていた。つまり、1470年代になって、ハンザ同盟がブリストルにいる商人にアイスランド漁業との取引を禁じるまで続いたのだ。それから20年後、騒ぎがおさまると、ハンザ同盟はアイスランドとの貿易再開を提案したが、ブリストルにいた商人はとっくに方向変換し、北大西洋西部で漁業を繁盛させるべく動いていた。なにより大事なのは、バスク、イギリス、フランス、ポルトガルの漁師が、すでにニューファンドランドのグランドバンクスを発見していたということだ。グランドバンクスは豊かな漁場である北大西洋西部に位置するタラの宝庫だ。発見したきっかけが、船長たちに広まっていた伝説だったのか、予測できない風の流れだったのか、単なる偶然だったのか、今後も明らかになることはないだろう。

◉アジアへ

夢にも思わなかった新しい魚の供給源――さらに、金(きん)ではなく銀色の背を持つタラがもたらした財――がヨーロッパ人の想像力をかき立てるいっぽう、アジアのスパイスや金を輸送する道、いわば富を運ぶ海路が誕生した。多くの商人が、儲けの多い陸路のスパイス貿易――ジェノヴァやヴェネチア――を牛耳る権力者から解放されたいと願っていた。設計が改善された船、恐れを知らない船乗り、ヨーロッパの君主が出した資金によって、アジア探検への願望はみるみる膨らんでいった。同時に、ヨーロッパの人口は西ヨーロッパで急増し、さらに、小氷期がヨーロッパを襲って農産期が減り、天候がますます不安定になった。こうした多くの理由が重なって、このあとすぐ有名になる冒険家たちが動きはじめたのである。

１４９７年、コロンブスと同じジェノヴァ人のジョン・カボット船長がイングランド王ヘンリー7世の命を受け、ニューファンドランド島を発見し、報酬として年金20ポンドを与えられた。コロンブスより1歳年上のカボットは、イギリス人が裕福になれるよう、金や宝石を求めて中国への水路も探索した。西回りの航海はブリストルから出航した。ブリストルは周知のとおり、北大西洋全域にわたる探検の出発点だった。

カボットの旅を記した文書はいくつか残っている。そのうちのひとつ、１４９７年12月18日づけで、ロンドン滞在ミラノ大使ライモンド・ディ・ソンチーノがミラノ公宛てに送った手紙がある。カボットの8月6日の帰港報告書だ。一部を紹介しよう。

　　カボットは東洋に向かって出航し……かなりあちこち航行したあと、ついに本土にたどり着いたようです（そこがケープ・ブレトンだったのか、ラブラドルだったのか、はたまたニューファンドランドだったのかは不明ですが、入植地にはイギリスの旗が立っていたそうです）……彼らは、海が魚であふれかえっていると明言しております。網だけでなく籠でも捕獲可能で、この籠は石をくくりつけて水中に沈めています。これには先に述べたジョン・カボット氏がかかわっていたようです。

同時期に船を出して探索したイギリス人はこの新世界の魚の価値を認め、次のように述べている。「船に大量の魚を積んで帰る予定だ。我が帝国はアイスランドから干しタラとかいう魚を莫大に輸入しているが、もはやその必要もなくなるだろう」

カボットのような初期の探検家は、風にあてて乾燥させたタラや塩漬けのタラで栄養を摂っていた。後年、海軍の船上で塩タラをどのように調理していたかを記録した文書が見つかっている。16世紀なかば、ポーツマスに停泊していたイギリス船、メアリー・ローズ号の船員がフランスとの戦闘に備えていたとき、「魚の日」［肉を控えて魚を食べる金曜日］には喜んで塩漬けのタラ、別名「プア・ジョン」を食べていた。塩タラは、たっぷりと水をためた槽に24時間漬けておく。そのあと、木製の桶に入れた布袋に流し込んで水を切ってから、甲板の下にある厨房に運び、大釜でゆでる。船員はそれぞれ60センチの塩タラ4分の1と、パン、バター、チーズ、ビールを配給される。塩タラは、かなり時を隔てた1623年、シェイクスピアが『テンペスト』［松岡和子訳／筑摩書房／2000年］に登場させ、魚臭い漁師のことを「一種の、干鱈だが、とても新鮮とは言いがたい」と表現している［邦訳版ではこの「干鱈」に「poor-John 塩漬けにして干した魚」という注がついている］。

「まだどこかに世界があるのなら、我々が手に入れる」――ポルトガル帝国の世界地図とエンリケ航海王子の像。コインブラにあるミニチュア・テーマパーク、ポルトガル・ドス・ペケニトス（小さなポルトガル）に設置されている。1336年から1543年にかけて、ポルトガルによる発見、探検、接触、征服は、スパイス諸島（モルッカ諸島）や中国にまで及んだ。

海洋の富が手元にあるにもかかわらず、アジアへの水路探索は続いた。ポルトガルの冒険家ヴァスコ・ダ・ガマは、1497年から99年まで、初めての船旅で東回りの海路を探しに出かけ、インドへ航海した最初のヨーロッパ人となった。ポルトガル王マヌエル1世の支援により、ガマはアフリカの西海岸沿いを航行して喜望峰を通り、東海岸を北上してモザンビークに向かい、そこからインド洋を横断してインドのカリカットに到着した。そして、頼まれていた貴重なスパイスを船いっぱいに積んで持ち帰った。ガマがインドへの航路を発見し独占したおかげで、ポルトガルは世界を支配する帝国になった。ポルトガル人がどこに上陸しようと、タラの地理的生息地に関係

四角帆、三角帆、前帆を張ったスペインのキャラック船（キャラベル船の改良型）。フレデリック・レオナルド・キングが細部まで描いている。1934～35。「発見の時代」に欠かせないキャラック船は、ポルトガル人が発明した帆船で、高い操作性を有していた。

なく、長旅の主食である塩タラは日々の食事に取り入れられるようになった。

◉北アメリカ

北アメリカに住むポルトガル人がタラに気づかないはずがなかった。彼らはニューファンドランドで開拓した新たな領地の所有権を要求していた（まさにカボットがイギリスの所有権を主張していたように）。16世紀前半、ニューファンドランドの塩タラは、フランス北部ノルマンディのルーアン市場はいうまでもなく、ポルトガルの港町でも出回っていた。マーク・カーランスキーは、『鱈――世界を変えた魚の歴史』（1997年）［池央耿訳／飛鳥新社／1999年］で次のように書いている。「十六世紀半ばには、全ヨーロッパで消費される魚の実に六十パーセントがタラとなり、以降二世紀の間この数字は変ることがなかった」

タラ資源が豊富にあったことを考えると、漁の中心地である湾曲した半島の名が、最終的にこの誰もが知る魚と結びつけられても驚くにはあたらないだろう。ここは、もうひとりのイタリア人冒険家ジョヴァンニ・ダ・ヴェラッツァーノが１５２４年から27年にかけて北アメリカ沿岸を探検していたときに偶然発見した場所だ。フランス王のために中国への航路を探している最中だった。ヴェラッツァーノはイタリアの将軍に敬意を表し、その名をとってパッラヴィチーノ岬と命名した。事実、ここマサチューセッツ州ケープコッド（タラ岬）はヴェラッツァーノが作成した地図に描かれている。むろん、現在の名前は記されていない。

ヨーロッパ人による北アメリカの土地略奪はコロンブスの到達から42年たってふたたび始まった。１５３４年、ブルターニュ人探検家ジャック・カルティエが現カナダのフランス領有権を主張した。彼もアジアへの航路を必死で探していた。カボットがセントローレンス川の河口で１０００人ものバスクのクジラ獲りに遭遇したという話をよく耳にする――が、それほどのバスク人が北大西洋にいたという確証はない。最初に見つかった揺るぎない証拠は、１５３０年代からラブラドルの沿岸に存在した、バスク人が捕鯨用に使っていた拠点の痕跡だ。こうした航海が周知されるはるか以前に、バスク、イギリス、フランス、ポルトガルの漁師が、新世界の豊富なタラ漁場を突き止めていた可能性は十分にある――ニューファンドランドのグランドバンクスだ。カボットが北アメリカに到達して以降、争奪戦は続いた。

第3章◉タラ戦争と漁業の発展

東アジアに通じる水路を探す旅は続き、タラへの欲求も膨らんでいった。北アメリカでは、15世紀後半にニューファンドランドとラブラドルの沖合にあるグランドバンクスが世に知れわたり、以降1990年代前半に衰退するまで、どこよりもタラが獲れる漁場であり続けた。グランドバンクスを偶然発見したのはヴァイキングで、それからというもの、ヨーロッパ人が波のように押し寄せ、タラ漁場はすぐさま混乱に陥った。

なんの不思議もない。豊富な栄養源があふれるグランドバンクスの魅惑的な大陸棚では、無尽蔵とも思えるタイセイヨウタラ（学名 *Gadus Morhua*）が育っていたのだ。ニューファンドランドの南沖に位置し、温かいメキシコ湾流と北極海から南下する冷たいラブラドル海流が混じり合う海中の丘状地、堆（バンク）は、アメリカ南西部の卓状台地に似ている。岩棚はすべて水面下に沈んでいるわけではなく、海中の台地も浅めで水深は50メートルほどしかない。位置としては北アメリカ大陸の一角で、ニューファンドランドの沿岸からおよそ

かつて、タラの漁獲量は誰がどんなにオーバーに予測してもそれを上回り、無尽蔵だと考えられていた。

200海里（約370キロ）だ。この大陸棚はジョージ・A・ローズが「陸塊の水中肩」と表現している。15世紀のグランドバンクスは魚の巨大な宝庫で、タラ漁にとって最高の漁場だった。

15世紀末、探検の時代を生きたヨーロッパ人たちが、新世界に新たな漁場を探しに向かっていた。それまで頼りにしていた魚が、事実、いなくなったからだ。商人は儲かる魚を切望していたし、バスク人が好んで捕獲していたクジラは乱獲のせいで姿を消していたため、大陸に住むお腹をすかせた消費者に届ける別のシーフードが必要だった。フランス、バスク、ポルトガル、イギリスの漁師たちは船でラブラドルやニューファンドランドの沿岸に向かった。

手釣り糸からいろいろな網まで。タラの捕獲法。

1534年、ジャック・カルティエがカナダをフランス領だと宣言したため、16世紀を通して同地の漁業はフランスが仕切っていた。ポルトガルの船も到着していたが、フランスに抵抗したのはイギリスだった。抗争はこのときだけではなく、何世紀ものあいだ繰り返された。16世紀後半には、イギリスの船団が漁に有利なニューファンドランド沿岸や沿海のほぼ全域からフランス人を追い出し、タラの乾燥に適した土地を占拠した。しかし、フランス人はただ北部や西部の沿岸に移動しただけで、それまで同様、沿岸に拠点を築き、漁業を続けた。彼らもタラが豊富なグランドバンクスで権勢をふるい、塩漬けにして乾燥させないフランス独自のグリーン加工を展開した。

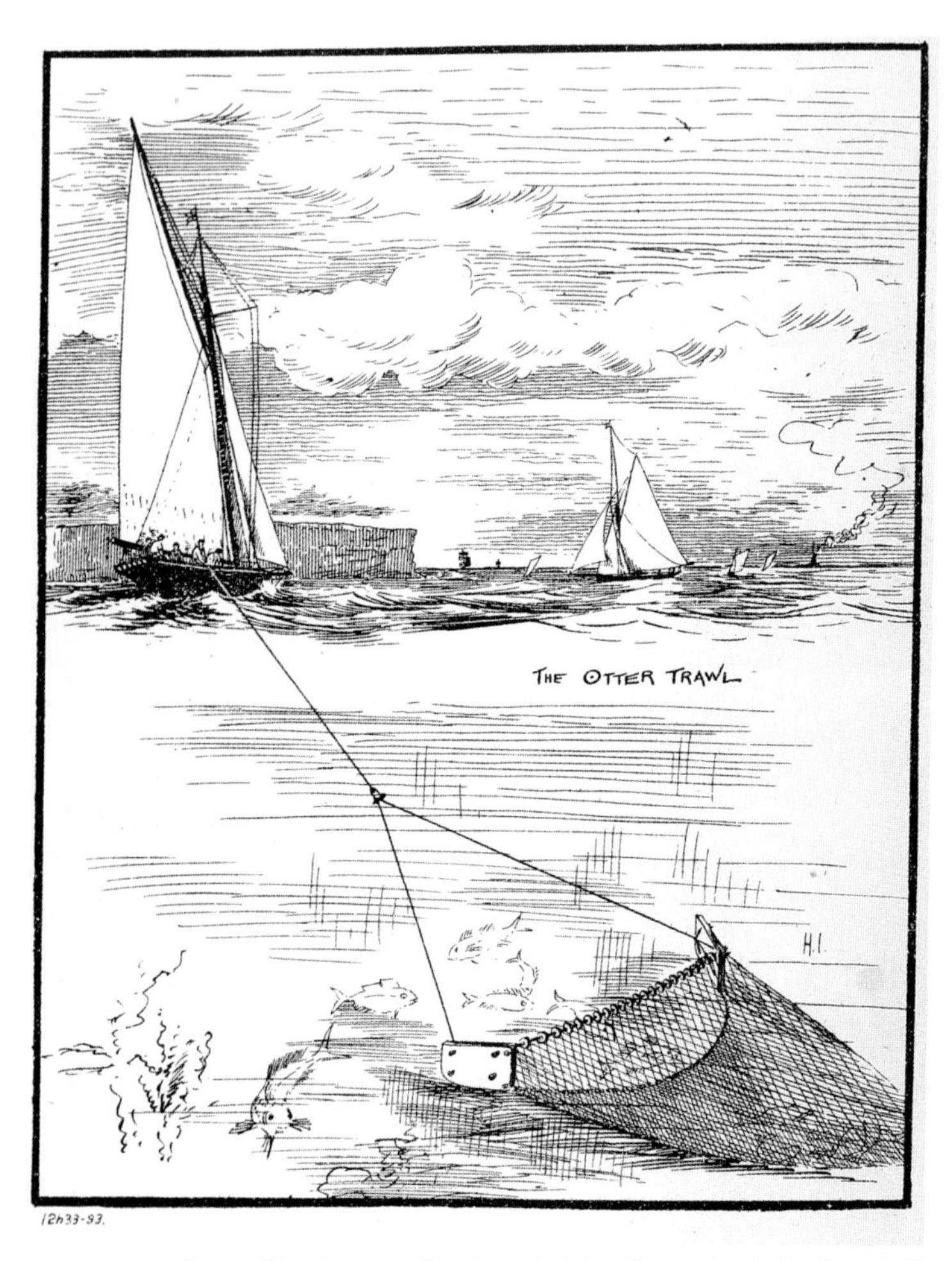

タラがもっとも効率よく獲れるトロール網。タラやたまたま捕まってしまう魚にとっては脅威だ。リンゼイ・G・トンプソンによるイラスト。「ニュー・サウス・ウェールズの漁業史」（1893年）。

北アメリカの漁業シーズンは、ヨーロッパからニューファンドランドに向かう激しい春のレースでスタートを切る。最初に到着した船が最高の漁場と乾燥に適した土地を手にできるのだ。イギリス人は、カナダ南東部のガスペ半島、ニューファンドランド南東部プラセンティアおよび東岸の近海に、多くのタラ漁場を確保した。6～8週間、漁師は船首尾同形の小船に漁具を積み込み、タラを見つけるまで帆走するかオールでこいだ。船の両側から1本釣りの糸を垂らし、海底から数メートルあたりで止める。釣り針につけるエサはたいていサバだった。古来の方法で、釣り糸を引いて上下させればタラが食いついてくる。釣ったタラは船に引き上げた。当初、漁師は原住民同様、麻の糸1本1本に原始的な鉄製の釣り針と鉛の重りをつけてタラを釣っていた。数百年の歴史を持つこの方法は「手釣り」といわれ、いまもノルウェーではナイロン製の糸を使って産卵期の北東北極海タラを獲っている。タラが無数にいるため、釣る方法は何百年も変わらず20世紀まで長々と続いた。なぜ漁法を変えなかったのか？　じつは、イギリス人漁師たちが沿岸の野営地に戻る頃には、1日あるいは半日程度で、おそらく約1000匹ものタラがあがっていたからだ。ただ、数があまりに多くて四苦八苦、作業は非常に危険なうえ、相当の労力を要した。

塩タラの加工も気の抜けない仕事だった。高品質のタラでも、あらゆる工程で傷がついてしまう――さばくとき、はらわたを取り除くとき、背骨を抜くとき、塩漬けにするとき（塩が多すぎると身が焼けてしまう）、また、雨の日や暑い日に乾燥させる場合は、塩漬けしたタラを保護するときも注意がいる。さらに、１５００匹ものタラをきれいに積み重ねなくてはならない。塩漬け処理を適切におこなわないと、風味が落ち、商人の利益は激減してしまう。

17世紀、イギリス人が支配しているグランドバンクスから輸送される高級な塩タラは、イングランドのブリストルの商人が市場を拡大して販売し、アイスランドやノルウェーのタラ頼みの商人たちと競い合った。また、新たなタラ漁場が見つかったため、ヨーロッパや新世界における消費は増加した。

ノルウェーやアイスランドのタラ漁は、新世界のタラ漁とはまったく違っていた。タラの生物学的相違と気候の違いがあるからだ。ノルウェーとアイスランドでは、漁業は当初から冬の仕事で、冷たく暗い冬の北極地方に産卵しにくるタラを捕獲していた。漁の時期が冬なので、冬の漁師は夏になると農夫になった。また、ノルウェーとアイスランドの気候はどちらも寒冷で乾燥しているため、風を利用してタラを乾燥させ、干しタラを製造することができた。カナダのニューファンドランドや北アメリカの漁場では、一部のタラは、春と夏、おもなエサとなるカラフトシシャモを追って沿海にやってきて、その他のタラはグランドバンクスに生息していた。新世界の漁場には沿海に棲む魚群がいたため、一年中、捕獲すること

タラポット。他の漁法より傷がつきにくく、獲れたタラは高級品だ。

ができた。

カナダと北アメリカ、その他新世界の漁場でも、漁師が新たな技術を取り入れるようになった。従来の手釣り糸に代えて、延縄（はえなわ）（とにに1500メートル以上ある幹縄から多くの枝縄を垂らし、その先端にエサつきの釣り針を仕掛ける）、刺し網（帯状の網で、魚の通り道に垂らしてひっかける）、そしてついには、非常に効率の高いトロール網（三角帽のような形の網。船で引く）を駆使した。

20世紀後半、ラブラドルで開発されたタラ漁の仕掛けは、ニューファンドランドとラブラドルの沿海を移動するタラにのみ採用された。現在は質の高いタラが求められているため、タラポット（仕掛け網）が考案され、手釣りや延縄漁のように、できるだけタラの体を傷つけないように捕獲している。とはいえ、どんな漁具を使おうと、重要なのは最高の漁場を探し出すことだった。

新世界ではほぼどこでも、漁師はタラの保存に塩を使わなければならなかった。乾燥だけで保存するには湿気が多く、気温が高すぎるからだ。となると、乾燥と塩漬け、両方の保存法を組み合わせるほかなかった。そのため、グランドバンクスのフランス人が有利になった。フランス人には豊富な塩があり、船上でタラの保存に利用することができたのだ。結果、タラを乾燥させるためにわざわざニューファンドランドに出向く必要がなくなり、毎年、ヨーロッパから出航する船の数を減らすことができた。

塩タラにはまったく異なる保存法と種類があった。フランス人は、高く評価された「湿性塩漬け保存」のタラを母国に送った――これはグ、リ、ー、ン、保存ともいわれ、タラを多量の塩に漬け、乾燥させずに船倉に積み重ねておく。スペイン人など地中海地方の人々は、他のヨーロッパ人同様、グリーン保存のタラは好まず、軽く塩を振って乾燥させた干しタラを好んだ。このタラも暑い気候で長持ちする。イギリス人にとって塩は入手しづらく高価だったため、(天候が許すときは)タラを乾燥させるためにニューファンドランドの沿岸地域を囲い込み、乾燥用ラック「フレーク」を設置して塩の消費を抑えた。

17世紀なかばには、ニューファンドランドとグランドバンクスの塩タラは、他の北アメリカの魚とともに多くの人にとって欠かせない重要な食料源となっていた。また、北大西洋沿岸の植民地で発展する経済や、ヨーロッパとの取引にとってもきわめて大切な商品だった。

◉ニューイングランド北部の漁

ニューファンドランドでタラの豪華なショーが展開されているなか、イギリス人とフランス人は南回りでメイン州の沿岸に向かった。メイン州は当時イギリスが領有権を主張していた土地だ。多産なタラは北アメリカ沿岸のはるか南方でも豊富で、探検家がとくに探していなくても目に入るほどだった。イギリス人探検家バーソロミュー・ゴズノールド船長は、1602年、メイン州南部沿岸に上陸し、原住民との交易を期待し、入植できそうな土地と、ヨーロッパ人が梅毒の治療薬としていたサッサフラスの樹を探していた。彼は偶然、アメリカ原住民に出逢った——イギリス人作家ブライアン・フェイガンによると、「ヨーロッパの服を着たインディアンのミクマク族が、バスクのシャロップ船をこいでいた」らしい。シャロップ船は浅瀬で使用する小船で、オールと帆がついていて、あきらかにヨーロッパの影響を受けている。彼はさらに南下し、先端の岬をケープコッド（タラ岬）と改名した。のちに、ヘンリー・デイヴィッド・ソローはケープコッドのことを『コッド岬』［飯田実訳／工作舎／

「1993年」のなかで、「マサチューセッツ州の、折り曲げた、むき出しの腕である」と表現している。ゴズノールドはここで膨大な数のタラを見たのだ。

幸運にも、船旅に出た冒険家ふたりが記録を残している。ひとりは英国国教会の聖職者ジョン・ブレアトンで、次のように記録した。「タラがあまりに獲れすぎて、船が満杯になり、かなりの量を海に戻した。まちがいなく3月、4月、5月、この沿岸は豊漁だし、新たに見つかった土地（ニュー・ファンド・ランド）に引けを取らない」。もうひとりは停泊中の船について書いている。「水深は3メートル弱で、タラが次々と獲れる。だからここをケープコッド（タラ岬）と呼ぶようになったのだ」。この岬に魅力があるのはほかにも理由がある。あたりにサッサフラスが繁茂しているし、岩の多い沿岸はタラの乾燥に適しているし、塩もすぐ近くの潮溜まりで採れるし、タラはほぼ一年中捕獲できる。おまけに、温かい海水のおかげで、ニューファンドランドのタラより大きく、45キロ、あるいはそれ以上になることもあるのだ。

大西洋のメイン湾にもわくわくするほどのタラがいた。1614年、イギリスの探検家ジョン・スミス船長は、ゴズノールド同様、メイン湾沿海にいるタラや他の魚の膨大な量に感動し、沿岸を「ニューイングランド」と名づけた。スミスはイギリスやフランスの船が漁の拠点としているメイン州モンヒーガン島に上陸した。彼が新世界に足を踏み入れたのはこれが初めてではない。1607年にはヴァージニア州ジェームズタウンの植民地で暮らしていた。入植者はおそらく1608年から14年頃まで、ニューイングランドでボートを使って漁をしていた。しかし、スミスが求めていた銅や金がなくなり、クジラがいなくなると、すぐ手の届く銀に目を向け、37人の船乗りに5万匹のタイセイヨウタラを獲るよう命じた。スミスはランプのオイル用にタラ肝油を作ると、莫大な私益を得る算段でイギリスに持ち帰り、また、スペインに奴隷として27人の原住民を売った。いっぽう、植民地化を企画し、タラ漁の商業化を推進しながら、メイン州の沿岸からケープコッドまでを地図に描いた。そしてスミスは、ここにはニューファンドランド沿岸より守られた港がたくさんあるという利点に気づいたのだ。つねに漁師を募り、住民が漁を嫌う可能性も十分考慮して、ニューイングランドを次のように売り込んだ。「『魚』という言葉の嫌なイメージに惑わされてはいけません。漁は危険も元手も少なく、ギアナ［南アメリカのフランス領、金鉱山がある］やポトシ［南アメリカ、ボリビアの都市、銀山がある］の良質な金銀に匹敵する収益が手にできるのです」

スミスも入植者も、もうひとつの偉大な漁場をこのあとすぐ発見することになるとは知る由もなかった――メイン湾だ。ここはケープコッドからノヴァスコシア南端のケープ・セイブル島にかけて広がる壮大な海で、豊漁の地、ジョージズバンクとブラウンズバンクがあったのである。これら堆（バンク）に守られた大陸棚はタラにとって理想的な環境だった。海面下の堆に60ほどの河川から寒流と暖流が勢いよく流れ込んでくる。ニューイングランドで商売を目的とする漁場の岩床は海岸沿い約1万2000キロに及び、漁域はおよそ9万3200平方キロメートルに達する。沿海の漁のシーズンは冬だ。

冬のタラ漁は漁師の生活を支え、17世紀最初の20年間はニューイングランド沿海のタラ漁と売買の拠点を保持していた。フェイガンによれば、ここはヨーロッパ人がニューイングランド沿岸においてアメリカ原住民にまじって築いた初の漁村だ。たとえば、1619年にはモンヒーガン島に一年中漁をする、非常に栄えた漁業協同体ができあがっていた。モンヒーガン島の漁場の遺物から、当時の典型的なタラ漁の用具が見つかっている。銛（もり）、魚鉤（うおかぎ）（タラを船に引き上げるために使う、鋭いフックのついた棒）、釣り針、釣り糸を沈める鉛製の重り。モンヒーガン島からチャールズ川（河口がやがてボストンになる）にかけて、1620年には約10の一時的な漁区があった。およそ10年でニューイングランドのおもな漁港の多く――グロスター、セイラム、マーブルヘッド、ボストン、フォール・リバーなど――が設立されたのだ。

もうひとつはプリマスだった。ニューイングランドに移住した最初のヨーロッパ人といえば、正式にはプリマス・プランテーションに入植したピルグリム・ファーザーズ［英国国教会を強制するジェームズ1世の迫害から逃れてアメリカに渡ったピューリタン（清教徒）］だ。彼らは1620年に広大なメイン湾に臨むマサチューセッツ州南部の沿岸に上陸した――当初は漁が目的だった。たしかに宗教の自由も求めていたが、カーランスキーによると、ろくに漁の準備もせずにやってきたらしい——漁具もなく、知識もなく（別の魚に使う釣り針を持参していた）、荒れ地で生き延びるすべも持ち合わせていなかった。ただ、魚はたくさんいた。メイフラワー号でプリマスに渡ったピルグリムの指導者のひとり、エドワード・ウィンズローは、プリマスが豊富な漁場であったことを教えてくれる。「エイ、タラ、イシビラメ、ニシンを味わった。しまった身がたっぷりで、これまでで最高だ。旬のカニやロブスターも無限にいる」。魚が豊富にいたため、公認となる初の入植地を築くにはもってこいの場所だった。最初の3年はかなりの困難もあり、農業でさえ専門ではないため、タラを使った肥料を開発するまでは大失敗の連続だった。ときには、原住民が隠しておいた保存食貯蔵庫から盗みを働いて生き延びることもあったが、最初の1年で原住民が入植者に狩りを教え、食用になる植物の見つけかた、貝類やウナギの食べかたを伝授した。しかし、2年たってもピルグリムはまだ切羽詰まっていて、メイン湾沿岸の漁区で干しタラを恵んでもらっていた。

食料の調達を邪魔していたのは漁の技術だけではなかったようだ——イギリス人のなかにはシーフードに対して複雑な感情を抱いている人もいた。故郷の市場で、味の悪い、あるいは腐った魚を食べていたのだろう。さらには、宗教上、強制される「魚の日」を思い出していたのかもしれない。『海水産物の食習慣 *Saltwater Foodways*』の著者サンドラ・L・オリバーによると、ニューイングランドの歴史が幕を開けた頃、移民にとって魚は現実的な食材ではなく、もううんざりでとても満足などできなかった。また、イギリス人移民は漁を生業にはしたくなかった——あまり尊敬されない職業だったのだ。彼らは農民になりたかったのである。

17世紀、ニューイングランドの原住民は80種以上の魚を食べていた。そのなかにタラや甲殻類も含まれ、栄養源になるだけでなく商品としての価値もあった。彼らは淡水の川や湖のほか、海でも漁をした。とくにワンパノアグ族は大海でタラ、サバ、スケトウダラ、ムツなどを釣った。白樺の皮を張った丸木船を巧みに使い、船が難なく通れる浅瀬で、矢を放ったり、銛、魚鉤、すくい網（長い柄のついた手網）を駆使したりして、沿海のタラを狙っていたようだ。アメリカ原住民は、釣り針や、地元の麻を撚った釣り糸と網も使っていた。刺し網は水中に垂直に張った網で、下部に沈子をつけて沈め、上部に浮子をつけて浮かせる。魚が通り抜けようとするとひっかかる仕組みだ。釣った魚は、煮たり、炭火で焼いたりして食べた。ときには燻すこともあった。

他の入植者はみななんとかして自給自足しようと苦労していたが、メイン湾沿岸に住むヨーロッパ人漁師はじつに順調だった。イングランドのプリマスからきた漁師エマニュエル・アルサムは、1623年、タラが大漁だったことを記録し、「信じがたい」と書いている。

彼の船はマサチューセッツ州のプリマス沖で漁をし、兄弟に宛ててこんな手紙を送った。「1時間で100匹の大きなタラが釣れた……全部で1000匹になったようだ。うち1匹は45キロくらいある。こんな大きなタラを見たのは初めてだよ」。また、アルサムの話によると、出逢った漁船の多くはスペインに向かい、「金を用意しているところに売りにいった」という。ジョン・スミスも同様の交渉をしていたかもしれない。

1623年、プリマス植民地総督ウィリアム・ブラッドフォードは、客に提供できるものはほかにないのかと不平を口にした。「ロブスターと魚の切り身だけか。パンもなく、澄んだ湧き水以外なにも添えられないとは」。ニューイングランドは、当初から魚類以外の食料が不足していた。

マサチューセッツ湾植民地総督ジョン・ウィンスロップも、ブラッドフォードと同じく、良質な食料の不足に難色を示していたはずだ。ウィンスロップは、1630年、最初の入植者の波に乗って移住してきた。セイラムに上陸したが、南方に移動し、ニューイングランドで2番目に重要となる植民地を築いた――ボストンだ。彼の不満は、地元住民の食料が、干し魚、アサリ、ムール貝しかなかったことだった。干し魚といえば干しタラをさし、アイスランドからイギリスに輸送されていた馴染みの主食で、みな四旬節にしぶしぶ口にしていた。おいしく食べるためにかなりの労力が要るので「硬いのでやわらかくするために長いこと

フィッツ・ヘンリー・レーンの「穏やかな海に浮かぶスクーナー琉球号」。1850年。キャンバスに油彩。1713年、マサチューセッツ州グロスターで発明された速くて敏捷なこのアメリカ製スクーナーは、塩タラや奴隷を輸送するのに最適だった。

叩かなくてはならない」、たしかに文句も出るだろう。干しタラ専用のキッチンハンマーで叩く人もいた。14世紀、著者不明だが、パリの家政学ガイドブックにはこんなふうに書いてある。「たっぷり1時間、木槌で叩くこと。その後、2時間以上、ぬるま湯に漬ける。そのあと火を通し、牛肉のように形を整えたらマスタードをつけたりバターに浸したりしていただく」

1630年から40年にかけて、新たにできたニューイングランドの植民地に2万人のピューリタンが押し寄せた。漁業関連会社は入植者を利用した。宗教的迫害を逃れてきた貧民がほとんどだったのだ。実入りのよい漁業運営を夢見る者は、いまや、それを叶える手段を手に入れていた――地元の労働力をもっと活用すればいい。気候は最適で、夏も冬も沿海で豊漁のうえ、地中海地方やスペインの市場が輸入を切望していたため、すべてが有利に働いた。ついに、ニューイングランド人の魚嫌いはおさまりはじめ、大歓迎とはいかないまでも魚が喜ばれるようになった。事実、1769年、プリマス創立者記念日の宴のメニューにはサコタッシュが含まれていた。サコタッシュとは東部に住むアメリカ原住民の食事で、現在とは材料が異なり、トウモロコシと豆類のほかに魚なども加えて作っていた［現在はトウモロコシと豆類をメインに野菜やベーコンを入れる］。

◉奴隷貿易とタラ

1640年代後半、ニューイングランドの塩タラにとっておいしい市場がもうひとつ誕生した。保存に失敗した「くずタラ」は、西インド諸島のサトウキビ産業で奴隷として働くアフリカ人の食事に打ってつけだと考えられたのだ。このタラならカリブ海地域のプランテーションで働くために必要なタンパク質と塩分が摂取できる。『アメリカを創った食品 *America's Founding Food*』の著者、キース・ステイヴリーとキャサリーン・フィッツジェラルドによると、適正価格は「上質な商品につける価格の3分の2」で、ニューイングランド

M・J・バーンズ作、「ニューファンドランドの浅瀬で霧に包まれ迷子になっている船」。ハーパーズ・ウィークリー誌、1879年11月22日号掲載。ドーリー船は母船からはぐれたり海岸から離れたりすると、霧や悪天候によってあっというまに迷子になる。

で発展しつつある漁業界においてしごく重要な市場となった。この市場が誕生するまで、毎回、漁獲量の50パーセントを占めるくずタラがほとんど廃棄されていたのだ。

カーランスキーによると、18世紀前半、300隻以上の船がボストン経由で西インド諸島に向かった。1713年、マサチューセッツ州グロスターの造船技師アンドリュー・ロビンソンは、スクーナーと呼ばれる、2本マストの画期的な船を発明した。スクーナーは既存の船より巡航速度が速く、動きもなめらかで、操作性が高かった。グランドバンクスで漁をしたり、沿岸で交易したりするほか、塩タラや奴隷を輸送するのにも適していた。1775年、アメリカ独立戦争が勃発する直前、ニュー

タイセイヨウタラ（学名*Gadus morhua*）で富を築いたニューイングランドの一族は、ときに皮肉を込めて「タラ貴族」と呼ばれた。

J. Wrigley Publisher, 27 Chatham Street. N. Y
ONE OF THE CODFISH ARISTOCRACY.
In vain you try to make a show,
'Mongst the proud flesh of cod-fish row,
Your home should be fast to a rod,
Uvon the banks of old Cape "Cod."

ニューイングランドでは、タラは富や繁栄の象徴だった。「聖なるタラ」は木像で、18世紀前半からマサチューセッツ州議会議事堂に堂々と飾られている。

イングランドの最多輸出品は魚であり、2番目は塩漬け肉だった。18世紀のあいだに、ニューイングランドは力を持つ国際的なタラ販売業者に成長し、スクーナーは北アメリカでどれより有用な船となった。奴隷向けの食材は他の国々も生産していた。ニューファンドランドは品質別に塩タラを製造し、ノヴァスコシアはくずタラ専門で業界に進出していた。

　植民地に定住したイギリス人は漁業より農業に従事

漁師はどんな天候のときも命をかけて仕事をせざるをえなかった。チャールズ・ネイピア・ヘミー作、「沿海の漁師たち」。1890年。キャンバスに油彩。

したいと望んでいたが、やがて、儲かるのは石だらけのニューイングランドの土地を耕す農業ではなく、タラだと気がついた。地元の漁港でよく見られた船はドーリー船で、ヨーロッパでは数世紀にわたって使用された。この小型で平底の、船首が尖った船は、オールでも帆でも、沿海でも沖合でも、航行できる。漁業はメイン湾の沿岸地域で栄え、タラの人気に火がついた。タラで儲けたニューイングランドの一家は社会のエリートとなり、ときには皮肉を込めて「タラ貴族」と呼ばれた。漁業は経済の要だったため、タラはいろいろなところでシンボルになった――プリマス・ランド・カンパニーやニューハンプシャー州の標章、セイラム・ガゼット紙の紋章、そしていくつものアメリカのコイン。しかし、なにより目立つ、歴史を刻んできた象徴的なタラは、1・5メートル近くある「聖なるタラ」だろう。マツ科のホワイトパインで作られた彫像で、ボストンにあるマサチューセッツ州議会議事堂に吊るされており、経済の繁栄を表している。

世に知られていないのは、この聖なる魚のために払われた人的犠牲だ。1623年に漁が始まってから、グロスターだけで1万人もの漁師が命を落としている。彼らの暮らしは、ラドヤード・キップリングの『ゆうかんな船長』〔大木惇夫訳／講談社／1959年〕をのぞいてみれば垣間見ることができる。主人公の甘やかされたティーンエイジャーが蒸気船で大西洋を横断中に転落し、スクーナーに乗って漁をしていたポルトガル人漁師に助けられる。そして、ニューファンドランド沖グランドバンクスにおけるタラ漁の過酷な現状を知るのだ。

◉タラ戦争

豊富に獲れても、値打ちのあるタラをめぐって紛争が勃発した。9世紀、ヴァイキングが初めて定住したアイスランドは多くの争いに巻き込まれたが、つねに競争をけしかけていたわけではなかった。アイスランドは新世界に向かう途中の、非常に豊富な漁場のひとつだっ

アイスランドの地図の一部。オラウス・マグヌスが描いた「カルタ・マリナ（海図）」（1539年）より。のちのアイスランドの紋章（16世紀頃から1903年まで、赤い盾に王冠をつけた干しタラが描かれていた）と同じく、盾にタラが描かれている。

た。早くも1350年には、ヨーロッパのハンザ同盟とキリスト教会からの需要が高まり、アイスランドの干しタラは主要な輸出品になっていた。ハンザ同盟の重要拠点ノルウェーのベルゲンはアイスランドの貿易を支配し、ノルウェーのロフォーテン諸島で加工した高級な干しタラの代わりに、ヨーロッパの市場でこの質の低い干しタラを販売していた。15世紀前半には、イングランド、ブリストルの商人がアイスランドとグリーンランド両国との貿易をすでに開始していて、多くの水産物があふれていた。こうした競合者――ハンザ同盟、デンマーク・ノルウェー連合、ブリストルの商人――が「タラ戦争」のきっかけを作ったのだ。ローズによると、「イギリスの軍艦派遣とデンマーク人による拿捕（だほ）」も引き金になったらしい。こうした多くの不和が公式に「タラ戦争」と呼ばれるようになったのは20世紀なかばになってからだった［イギリスのメディアが「Cold War（冷戦）」をもじって「Cod War（タラ戦争）」と命名した］。

その後の小競り合いは、兵士や砲兵の代わりにトロール船や小型砲艦が主役となった。おもな参加国はイギリスとアイスランドで、争点はタラの漁業権だった。当時、大海原はまだ自由に開かれた公海だと考えられていたが、アイスランドは各島近海の漁業水域を厳しく規制した。

1944年、アイスランドはデンマークからの独立を勝ち取ると、沿海の支配をさらに強固なものにした。1950年にはそれまで3海里（約5・5キロ）だった領海を4海里（約7・4キロ）に広めた。大海はみんなのものという概念は変わりつつあった。領海に侵入することは日常茶飯事だったが、20世紀なかばには本格的な「タラ戦争」に発展した。ふたたびイギリスが紛争の中心となり、北大西洋上でアイスランドと戦った。1958年から76年の約20年のあいだに正式に「タラ戦争」とされる戦争は第3次まであった。不幸中の幸いで、これらの戦闘で失われた命は表向きにはひとりだけで、宣戦布告もおこなわれなかった。

アイスランドもイギリスも経済的圧力が強かったが、誰もがこの申し分ない食材が無尽蔵ではないことに気づきはじめていた。アイスランドが断固とした基準を定め、75年もしないうちに同国の漁業水域は3海里から200海里（約370キロ）まで急拡大した。ついにこの200海里がNATO（北大西洋条約機構）の基準となり、タラ戦争は終結した。

アジアにつながる新たなスパイスルートの開拓によって、予想だにしなかった大海の宝、潤沢な白身魚が発見された。結果、4世紀ものあいだタラ探索の旅が繰り広げられ、富と戦争を生んだ。また、この貴重なタンパク源が容易に入手できるようになると、需要は急増し、いまや世界中の食卓で定番となっている。文化はまったく違っても、誰もがタラを口にし、用途の広いタラを使った独自の料理が編み出されている。

第4章◉貿易により世界中に広まったタラ

ナイジェリア南部の人は干しタラが大好きだ。しかし、この好物は簡単には手に入らなかった。50年ほど前のナイジェリア内戦（ビアフラ戦争。1967～70）中、100万人あまりの市民が餓死し、とくに子どもが多かった。骨だけになった生存者の痛ましい写真が広がったことを機に、この惨状を救うべく世界中が手を差し伸べた。ノルウェーからの支援物資は理想的だった。冷蔵が不要なうえ、重要な栄養素がたっぷり詰まっている干しタラだ。

こんにち、干しタラはナイジェリアでは主要な食材で、食文化の軸となっている。経済的、社会的地位を問わず誰もが味わう国民食だ――頭と尾は貧困層に、柵や切り身は上流階級にいきわたる。ナイジェリアで「オクポロコ」と呼ぶ干しタラは、とくに南東部のイボ族が好んで食べている。オクポロコという名は、仕掛けたタラポットに、岩のように硬いタラが入ったときにぶつかる鈍い音が由来だ。「アグバとオクポロコ」はごちそうとされるシチューで、干しタラ、発酵させたアグバ（マメ科の木）の種子、激辛トウガラシのハバネロなどを合わ

アグバとオクポロコはナイジェリアのイボ族が暮らす地区で絶大な人気のある料理だ。

せた煮込み料理だ。食材として意外に思うトウガラシはおそらくポルトガル人かスペイン人がアフリカにもたらしたのだろう(どちらの国も、本来持ち込んだ地域はインドと東南アジアだ)。ナイジェリアはアフリカで人口がいちばん多いため、ノルウェーが輸出する干しタラの大部分を消費し続けている。ただ、アフリカ大陸で干しタラを好むようになったのはナイジェリア人だけではない。他のアフリカ人の多く、とくに西アフリカ人も干しタラを味わっている。ナイジェリアは地元から予想もできないほど遠く離れた海で獲れるタラを主要な食材として取り入れた代表国だ。

タラは空輸によって生息地から離れた場所に届けられるはるか以前に、南極大陸以外ほぼどこでも食卓にのぼる世界的な魚になっていた。15世紀、北大西洋で巨大な群れが発見・捕獲されて以降、塩タラの料理はポルトガル人によってアフリカからインド、そしてアジアへと伝えられた。彼らはスパイスの輸送路を探していた。陸路は経費がかさむため、代わりとなる海路を探しに西ヨーロッパを出港し、インドネシアのスパイス諸島（モルッカ諸島）にたどり着いたのだ。第4章では、生タラ、干しタラ、塩タラのさまざまな料理も紹介する。ポルトガル人がスパイス海路を航行する途中、彼ら自身や彼らが出逢った人々が考案した料理だ。そのあと、新世界、ヨーロッパ、スカンディナヴィア、ロシアなど、その他の地域にとっての魅力的なタラも見ていく。まずはポルトガル人探検家の旅を振り返ってみよう。

◉ポルトガルが広めた塩タラ

世界中を回り、たどり着いた場所で植民地を開拓し、交易所を設けた先駆者はポルトガル人だ。さらに、アフリカ、アジア、南アメリカで新たな料理の伝統を築いたのもポルトガル人だった。塩タラ（ポルトガル語でバカリャウ）のようなポルトガルで人気のある食材は、ヨーロッパの「発見の時代」が残した数多くの遺産のひとつになった。発見の時代とは15世紀前半から17世紀なかばまで大海原の探検が幅広く展開された、いわゆる大航海時代だ。

ポルトガル人はヨーロッパの探検家のなかでも中心的存在で、世界中に貿易の協力体制を整えた。窮屈にも大西洋とスペインにはさまれたポルトガルは、スパイス貿易を繁栄させて利益をあげるため、インドネシアのスパイス諸島（モルッカ諸島）への水路をどこよりも早く発見したいと願っていた。緯度を計る航海の道具や、大海を航行できる操作性の高い小型のキャラベル船など、ポルトガル人は高度な技術を駆使した。北アフリカ沿岸では栄えていたイスラムの貿易集散地セウタを征服し、揺籃期のポルトガル帝国が最初の一歩を踏み出した。この海事王国の拡大は、１４１５年のセウタ征服から、１９９９年に最後の植民地マカオを中国に返還するまで6世紀近く続いた。

ポルトガル人が貿易を追求し、領土を広げたいと思う動機がなんであったとしても、彼らは北大西洋で獲れた大量のタラを塩漬けにし、栄養を得ながら、道中、つねに気前よく、さまざまなタラ料理を紹介していった。セウタ征服後、アフリカ大陸の探検を続けるいっぽうで、アフリカ西方の大西洋に浮かぶ島、アゾレス諸島、マデイラ諸島、カーボヴェルデを発見した。１４９８年、ヴァスコ・ダ・ガマはインドのカリカットに到達し、さらに交易ルートを広げた。ガマの旗艦サン・ガブリエル号の備蓄品は3年持つように考えられていた。１５５１年に書かれた歴史家の記録によると、ガマの船団には２００トンの補給船のほか、3隻の船が含まれていた。肉を禁ずる断食の期間でさえ、栄養価の高いタラ、コメ、チーズが配給された。塩タラのほか、乾パン、肉も船乗りの主食だった。

ガマがカリカットに到達したちょうど2年後、別のポルトガル人探検家ペドロ・アルヴァレス・カブラルがブラジルを発見し、ヨーロッパ人に南アメリカへの扉を開いた。続く探検で、カブラルはアフリカ、北アメリカ（カリブ諸島も含む）、アジア沿岸に開拓の拠点を作り、植民地化に尽力した。また、ポルトガル人は初めて日本にたどり着いたヨーロッパ人となった。

ポルトガル人は塩タラをこよなく愛し、親しみを込めて塩タラを「フィエル・アミーゴ（忠実な友）」と呼んでいる。塩タラは国民食で、文化を代表する食材だ。しかし、紀元前1000年紀、ポルトガル北部にやってきて、肉の塩漬け法を持ち込み、ヨーロッパ諸国に売るほど塩を有していたポルトガル人にその技術を魚に応用させたのは、ケルト人だった。ポルトガル人は北大西洋のタラを塩漬けにし、その後、水分が40パーセントになるまで乾燥させる。階級を問わず、誰もがこの保存魚を食べるし、スペイン人同様、お気に入りのタラ売り場で購入することができる。品揃えは豊富で、質も色（霜のような白からクリーム色まで）も幅広く、希望のサイズにカットしてあるものを選べばいい。ポルトガル人にとって、タラといえば塩タラだ。ポルトガル語でもスペイン語でも塩タラと生タラは同じ名で呼ばれ、それぞれバカリャウとバカラオだ。ポルトガルでは無塩の生タラはめったに手に入らない。

ポルトガル人のなかには、ポルトガルの塩タラのメニューは1年365日分あるという人もいる。1000以上あると主張する人もいるほどだ。それでも、とりわけ人気の高いメニューはある。おそらく、なにより有名なのはヒヨコマメと塩タラで作るサラダ・デ・グラオ・デ・ビーコ・コム・バカリャウで、皮の硬いパンとシャキシャキの葉野菜を添え、ヴィーニョ・ヴェルデ（ワイン）で流し込む。その他、称賛されている料理をいくつか挙げると、みなに愛されているボリニョ・デ・バカリャウ（塩タラのコロッケ）、パスタイス・デ・バカリャウ（塩タラのフリッター）、バカリャウ・ア・ブラス（細かくほぐした塩タラの卵とじ、ポテト添え）、バカリャウ・ア・ゴミス・デュ・サ（塩タラ、ゆでたジャガイモ、タマネギのキャセロール）、食べるとほっとするバカリャウ・エストゥファード（塩タラのシチュー）、そして、バカリャウ・コム・ナータ（塩タラのクリーム添え）だ。コム・ナータはどこで食べようと、塩タラがクリームソースでドレスアップしている。クリスマス・イヴの定番ディナーは、ゆでた塩タラ、キャベツ、ジャガイモ、固ゆで卵を並べ、ドレッシングをかけた素朴なバカリャウ・デ・コンソアダだ。

こうしたタラ料理は、ポルトガル人が西アフリカから東南アジアに向かうスパイス街道沿いに築いた港町で出逢えるだろう。そのほとんどは地元民が自分たちの食文化に合うよう、それなりに食材や味つけを工夫してきた郷土料理だ。

バカリャウ・ア・ブラスはポルトガルでとても愛されている料理だ。細かくほぐした塩タラとジャガイモを卵でとじている。

植民地化を進めれば、否が応でも新しい食品が導入される。やがて、地元の食材と組み合わせることで、想像を超える味わい深い料理が生まれた。スパイス街道を調査するために辺境の植民地を開拓していたポルトガル人は、新しい植物や食材を紹介する重要な役目を果たしており、塩タラに寄せる熱意を地元民に惜しみなく伝えた。現在、アフリカ人にとって、この融合料理は日々の食事に欠かせない。こうした料理のなかにはアンゴラやモザンビークからアフリカ大陸の他地域に広まっていったものもある。このふたつの国はアフリカ大陸のちょうど反対側の沿岸にあり、地理的特徴も異なるが、どちらも15世紀後半にポルトガル人が開拓した土地だ。新世界からやってきた新しい風味豊かな食材を想像してみてほしい――キャッサバ（マニオク）、トウガラシ、トウモロコシ、ジャガイモ、サツマイモ、ピーマン、トマト。また、ポルトガル人はニワトリやブタも持ち込み、その肉を、マメ類、モロコシ、オクラなど地元の食材と合わせた。アンゴラで消えずに受け継がれてきた、とりわけ人気のある料理はエスパレガドス・デ・バカラオ（塩タラのスプレッド）で、塩タラと、アンゴラの食材であるキャッサバの葉、ギニアペッパー、ピーマン、さらに、アフリカ原産のゴマ油やパーム油を合わせている。モザンビークなどアフリカの他の植民地は東洋から贅沢な食材を受け取った――柑橘類やトロピカルフルーツ、多種のマメやコメ、さまざまなスパイスと砂糖。これらはポルトガル人がインド西部の沿岸、インドネシアのスパイス諸島（モルッカ諸島)、中国南部マカオの辺境に築いた植民地で入手した食材だった。

インドのゴアも、ポルトガル人、イスラム教徒、ヒンドゥー教徒の影響を受けた融合料理のるつぼだ。1510年にポルトガルに占拠されたゴアは、以降450年以上、ポルトガルが支配する東部植民地の玄関だった。激増する東西貿易はインド西海岸カリカットの北に位置するゴアを通して展開した。カリカットはアジアへの海路を初めて見つけたヨーロッパ人、ヴァスコ・ダ・ガマが1498年に上陸した地だ。15世紀なかば、ポルトガルはすでにインドにふたつの領地、ダマンとディウを獲得しており、これらも貿易ルートの拠点に加えた。

ポルトガル人はトウガラシ(ゴア人が崇めた)のほか、グアヴァ、パイナップル、トマトなど、新世界の食料をインドに住む膨大な数の住民に届けた。ゴア人はシーフードが大好きで、ポルトガルの塩タラを自分たちに合うようアレンジして調理している。料理作家マリア・テレサ・メネイゼスは『ゴア料理の真髄 *The Essential Goa Cookbook*』(2000年)のなかでゴア人に触れ、「ゴア人の多くはいまだにポルトガルの塩タラ、バカリャウを見ると目を潤ませる」と書いている。ゴア人は塩タラを、大好物であるポルトガルのヒヨコマメなど乾燥マメと合わせて調理し、ライスや、カレーにつきものの塩漬け魚のピクルスを添える。また、塩タラを揚げて、ほぼどの国にもあるフリッターに似たフォフォスにすることもあった。

ポルトガル人はいろいろな料理に塩タラを使う。バカリャウ・ア・ゴミス・デュ・サ（写真）もそのひとつだ。

もうひとりのゴア料理作家、ジェニファー・フェルナンデスによると、ゴア人は、ポルトガル領インド（ルソ・インド）では通常カレーに加えるタラチャツネをメインディッシュとして食べるらしい。

ほかにもいろいろな融合があった。故郷の魚を塩タラ風に塩漬けにしていたポルトガル人は、ゴアの在来魚エソの塩漬けを改善する方法も伝授した。評判のいいヴィンダルー［スパイスを利かせた辛味と酸味の強いカレー］はポルトガルとゴアの協同料理で、世界中のインド料理のレストランで提供されている。

ポルトガル人が4世紀以上にわたって交易の拠点としていたマカオもかなりポルトガル料理の影響を受けている。現在、伝統的なマカオ料理を探すのは難しい。ミシュランの星を獲得したギャンブラー向けの派手なレストランに追い出されたからだ。しかし、もし伝統的な料理に出逢えたなら、ポルトガルと中国の融合、そして、東アフリカ、インド、マレー半島のかすかな雰囲気も感じ取れるだろう。ポルトガルのスパイス貿易が遺した料理は、いまやおもに家庭、マカオの高齢者施設、どこかのレストランでときおり出されるメニューとなった。ただ、伝統を大事にするマカオ人夫妻が経営するレストラン、リケショーではいまもバカリャウ（タラ）料理4コースを提供している――メインはバカリャウ・ア・ブラス（卵とじ）、バカリャウ・ア・ラガレイロ（オリーヴオイル炒め）、バカリャウ・アサド（オーヴン焼き）、コジード・デュ・バカリャウ（シチュー）だ。

◉新世界のタラ

ポルトガル人がアジアに向けて東へと航行していたとき、他のヨーロッパ人とともに西へ向かうポルトガル人もいた。彼らはよりよい漁場を求めて、地図のない大海原を危険も顧みず西へと向かっていった。前述したように、北大西洋で発見したタラは想像を絶するほどの棚ぼただったのだ。

西へ向かう旅でたどり着いたのは、大西洋沿岸の新たな土地だった。１５００年、ポルトガル人は現在のブラジルに上陸し、どこよりも重要となる植民地を築いた。ただ、彼らが新世界で入植に成功したのはブラジルだけだった。

料理に加え、ポルトガル人はもうひとつ重要なものを持ち込んだ。３００万人以上のアフリカ人奴隷を連れてきて、ポルトガル人が作った砂糖プランテーションで重労働を課したのだ。また、ポルトガル人はブラジルに塩タラ、アーモンド、干しエビ、ニンニク、オリーヴ、タマネギをもたらした。そしてアフリカ人とともに独自の食習慣を広めていった。

ブラジルでは鍋料理が一般的だ。バイーア州中東部沿岸で作られる、何百年もの歴史があるブラジル風シチュー、ムケッカ・ジュ・ペイシュにはいろいろな種類があり、ポルトガルとアフリカの材料が融合している。具材を葉で包んで煮るというアフリカらしい調理法を応用し、大きな鍋に、ココナツミルク、ヤシ油（西アフリカ産）、新鮮なコリアンダー、ニンニク、赤パプリカやピーマン、トマト、タマネギに、通常は塩タラの切り身（ときには手に入るエビや魚など）を入れて煮込む。これを白米にかけ、上からファリニャ（キャッサバ粉）をふって食べる。ヤシ油とファリニャはシチューに香りを添えてくれる。まさに、文化のるつぼだ。人気メニューの定番、タラのフリッターは、とくにブラジルの首都ブラジリアでは、スナックとして食べられることも多いが、たいていは食事の前にビールのつまみにする。

ブラジル同様、塩タラは西インド諸島の多くで利用され、塩魚と呼ばれている。初期ポルトガル人探検家、おそらくクリストファー・コロンブス率いる船団でやってきた乗組員が持ち込んだのだろう。西インド諸島の食文化が多様化した一因はアフリカ人奴隷貿易だ。安価な食べ物を奴隷に割り当てて儲けた商売は、この時期に発達した。さまざまな塩魚のフリッターを売っていた道端のスタンドをはじめ、質の悪い塩魚の遺物がこの地域のあちこちで見つかっている。通常、フリッターはいちばんおいしい揚げたてで食べる。魚、果物、肉、野菜などを混ぜた衣をつけてこんがりと揚げるのだ。

西インド諸島には塩タラのレシピがたくさんある。グアドループ諸島やマルティニーク島

タラのフリッターは多くの文化で作られている馴染みの料理だ。ピーナッツ油や牛脂など、地域ごとにさまざまな油を使い、こんがりと揚げる。

ではアクラ・ド・モリュ、トリニダードにはアクラ、プエルト・リコにはバカライトスといわれる揚げタラがある。バルバドスでは塩タラの揚げ団子が人気だ。ジャマイカでは西アフリカ産の果物アキーを塩魚（通常は塩タラ）と合わせた料理が国民食とされ、朝食や夕食で口にしている。野菜として扱われるアキーは塩タラ、タマネギ、スコッチ・ボネット・ペッパー（トウガラシの一種）、スパイス、トマトとともにソテーすることもある。ジャマイカで作られる塩タラのフリッターは、スタンプ・アンド・ゴー［一説によると、名の由来は18世紀イギリスの帆船で、士官が作業を急ぐよう命令するとき「スタンプ・アンド・ゴー！（判を押して早くいけ！）」と叫んだことから。できあがるのが待てないほど早く食べたい、という意味」と呼ばれ、パーティや朝食で振る舞われる。

新世界では、漁をするために初めて築いた仮の居住地ができて以降、タラの料理は単にゆでたり火であぶったりするだけのものから手の込んだものへと発展していった。カナダ沿岸で生まれたフライパンで揚げるタラの団子には「漁業と同じ歴史がある」、とフェイガンは記している。この揚げ団子はタラの切りかすや残り物と片栗粉があれば作れるため、いまやニューファンドランド・ラブラドル州など多くの州で見られる。団子やパティにする塩タラや生タラを飾りつけるなら、ジャガイモ、卵、小麦粉、タマネギなどの薬味を入れた衣を作り、調理油かラード（豚脂）で揚げればできあがりだ。レシピは幅広く、いろいろなアレンジを考え、倹約しながら地元食材を取り入れてきたことがうかがえる。

ニューファンドランドの伝統的な田舎料理の材料は塩タラだ。フィッシュ・アンド・ブルーイスは、まずブルーイス（乾パンや硬いパンを水か牛脂か豚脂に浸ける）を作ったら塩タラを加えて調理し、ときには、タマネギや、塩漬けブタを細かく刻んで揚げたチップス「スクランチェオン」を振りかけることもある。この人気のある料理の添え物には根菜が合う。第1次世界大戦時、「フィッシュ・アンド・ブルーイス」基金が立ち上げられ、このごちそうをフランスの塹壕に身を潜めているニューファンドランド連隊に配給した。届けたのは、発酵させずに2度焼きした、日持ちする昔ながらの乾パンと塩タラで、塩漬けブタは入っていなかった。ニューファンドランドの人は軍人がこのほっとする故郷の料理を心から食べたがっていると察したのだろう。

北大西洋をはさんでニューファンドランドの反対側にあるアイスランドでは、ずっと生タラの頭を好んで料理してきた。頭は乾燥させ、スナックとしてかじることもあった。乾燥させたタラの頭はとても人気が高く、ポニーに乗せて内陸に運んだ。皮と骨もアイスランド人の創意工夫からはのがれられなかった――皮はローストして味わい、骨はゆでてポリッジ［オートミールを牛乳で煮込む、日本のおかゆに似た料理］に利用した。

タラの頭を食べたのはアイスランド人だけではない。1747年、イギリスのハナー・グラスは『素朴で簡単な料理の芸術 *The Art of Cookery Made Plain and Easy*』で、タラの頭の調理法――あぶる、ゆでる、焼く――を紹介し、浮き袋も網焼きや煮込みにして、バターとマスタード、またはグレイヴィーソースを添えている。同書はグラスが初めて出した料理書で、ベストセラーとなった（このときはまだタラとフライドポテトは出逢っていなかった［イギリスの有名な軽食、フィッシュ・アンド・チップスはタラのフライとフライドポテトのセット］）。

アメリカやイギリスではタラが文学界に登場するようになった。ハーマン・メルヴィルが1851年に書いた『白鯨』［富田彬訳／角川書店／2015年］にはタラの頭が出てくる。

アイスランドはタラの頭も輸出している。

マサチューセッツ州沖合の島ナンタケットで、主人公のイシュメールが、ウシがエサとして「魚の残物」を食べると話している。ウシたちは「鱈の頭の中へ足をつっこんでいかにもだらだらと砂浜を歩いている」。だから「ミルクまで生臭い匂いがする」のだ。また、もうひとり、マサチューセッツ州の有名な作家ヘンリー・デイヴィッド・ソローが１８６５年に刊行した『コッド岬』［飯田実訳／工作舎／１９９３年］では、ケープコッド界隈では「時どきタラの頭を牛の飼料にするそうだ！」というセリフが出てくる。こうした文学における言及から、アメリカ原住民ではなく、ヨーロッパ人入植者が、タラをウシのエサや肥料として利用していたことが推察できる。

19世紀なかばには、タラの頭や肩［胸びれを支える骨（肩帯）の部分」を、上流階級のディナーの一品、おすすめの前菜として出していたアメリカ人シェフもいた。料理作家サンドラ・L・オリバーによると、体重13キロから23キロのタラは全長が1メートルを超えることもあり、かなり大きいため、やわらかな頬肉はグレープフルーツほどの大きさがある。このいかにも高級なメニューには、アンチョビや貝で作ったソースが添えられていた。

　タラは多くの北アメリカ人の栄養源となった。よく食卓にのぼったのはチャウダーだ。メルヴィルの『白鯨』と同じ1851年に出版された小説家ナサニエル・ホーソンの『七破風の屋敷』〔『ホーソーン／マーク・トウェイン』収録／大橋健三郎訳／筑摩書房／1973年〕にはこう記されている。「湾でとられた六十ポンドもあろうというたらが一尾、寄せ鍋肉の濃いだしとなって姿を消していた」。タラのチャウダーは『白鯨』に出てくる島ナンタケットでも朝食、夕食、晩餐会などで登場する。チャウダーが出てくる場面で、ふたりの船乗りが地元の宿屋で夕食を注文し、「それから時を移さずすてきな鱈の寄せ鍋が俺たちの前におかれた」。作ったのは主人ハッセイのかみさんで、「磨いた鱈の脊椎骨の頸輪をかけ」ていた。栄養源としてのタラ。宝飾品としてのタラ。そしてついには富をもたらしたタラ。タラはニューイングランドを築き、漁師や庶民の食料源となった。

　セアラ・オーン・ジュエットはメイン州沿岸を舞台とした物語『とんがりモミの木の郷』

〔河島弘美訳／岩波書店／２０１９年〕のなかで、チャウダーに入れるタマネギの重要性を強調している。田舎の女地主ミセス・トッドが、自分の母親に会わせるため、ボストンからきた客（語り手）を近くの島に連れていった。彼らは土産にタマネギを持っていった。たまたまタマネギを切らしていたトッドの母親が興奮したのもうなずける――タマネギはいろいろなチャウダーにとって欠かせない材料で、代用品では得られない香りが出せるのだ。通常、鍋で塩漬けのブタを炒め、取り出してから、タラ、クラッカー、タマネギ、ジャガイモ、塩漬けのブタを重ね、最後にタラを乗せる。その鍋に、小麦粉を溶いたたっぷりの水を入れて煮る。このレシピは著名なアメリカ人作家で社会活動家のリディア・マリア・チャイルドが書いた『アメリカの節約主婦 *The American Frugal Housewife*』の１８３２年版に載っている。具材を層にする方法は、１７５１年のボストン・イヴニングポスト紙に初めて載ったチャウダーの作りかたで紹介済みだ。

　魚のチャウダーやシチュー〔厳密な定義はないが、チャウダーはシチューより具が小さく、煮込み時間が短いためとろみが少ない〕は沿岸地域の住民が数世紀にわたって作ってきた。漁村に浸透したさまざまな国民食から誕生したと思われるが、おおもとはフランス料理だろう。16世紀から17世紀にかけて、チャウダーはブルターニュの漁村で食べられており、そこから新世界の沿岸やヨーロッパ諸国に広まっていったのだ。

「チャウダー（chowder）」の語源は不明だが、フランス語の「ショーディエール（chaudière、鍋）」あるいは「ラ・ショードレ（la chaudrée、漁師のシチュー）」が由来だとする説もある。チャウダーはブルターニュからボルドーにかけての漁村で馴染みの料理だ。大釜に新鮮な魚と、発酵させていないパンか塩味のビスケットを入れ、塩気のある調味料を足す。おそらくブルターニュの漁師がこの習慣を北アメリカに紹介し、カナダの沿岸州やニューイングランドで気に入られ、いまやメインディッシュになっている。アメリカでは19世紀なかば、海岸のチャウダー・パーティやチャウダー・ピクニックが大流行した。起源はさておき、チャウダーは簡単に作れるし、材料は船倉にも海岸沿いの住民の食料庫にもたいていはそろっていた。

◉ヨーロッパのタラ

イギリスで有名なフィッシュ・アンド・チップスは、新鮮なタラの切り身に衣をつけてこんがりと揚げ、フライドポテトを添えた軽食だ。たいていは、モルト・ビネガーと塩がついていて、紙［以前は新聞紙だったが衛生上禁止された。現在は新聞紙風に印刷された専用紙を使っているところもある］でくるんである。アメリカでいえば、細長いロールパンで作ったホッ

フィッシュ・アンド・チップスはイギリスとスコットランドの国民食で、魚を揚げる油は昔から牛脂か豚脂か植物油だ。古来、フィッシュ・アンド・チップスの魚は、ランカシャーではタラを、ヨークシャーではコダラを好んで使っている。

トドッグだろう——海岸やサッカーの試合場で便利な、手早く作れる安価なスナックだ。好まれるのがタラなのかコダラなのかは地域によって異なり、揚げ油もヘット（牛脂）、ラード（豚脂）、植物油など数種ある。19世紀なかば、労働階級の家庭で人気のあったフィッシュ・アンド・チップスはイギリスの国民食に位置づけられていたにちがいない。スコットランドもしかりだ。

タラとフライドポテトの組み合わせは、1860年代にロンドンかランカシャーで生まれたようだ。実際のところ、初めていっしょに提供されたのがいつなのか、歴史家にもわかっていない。どちらの食品も、出逢う50年以上前から別々に

マサチューセッツ州ボストンのシーフードレストラン、ウルフズ・フィッシュによると、「タラは身が硬く、しっかりしたフレーク状でほのかに甘みがあるので、シェフたちのお気に入りとなっている」。

は存在していた。揚げたタラは、1840年以前から、ロンドンではよく見かけるストリートフードで、300人ほどの売り子が冷めた状態で売っていた。チャールズ・ディケンズのシリーズ作『オリバー・ツイスト』（1837～39）［唐戸信嘉訳／光文社／2020年］には、「魚のフライを売る店」が登場し、三角形のパンを添えた魚を売っている。のちの『二都物語』（1859年）［中野好夫訳／新潮社／1967年］には「申しわけほどの油だけは滴らして揚げた一文皿のポテト・チップス」が出てくる。生のジャガイモといっしょに揚げた魚がフランスの料理書に出てきたのは早くも1795年だ。その起源となったのは

18世紀後半の屋台で、売り子がフライドポテトとその他の料理を売っていた。

冷めた揚げ魚を好んだ人は多くなかったが、ユダヤ人は昔から衣をつけて揚げた魚を冷ましてから食べていた。1786年、のちの第3代アメリカ大統領トマス・ジェファーソンがいちどだけロンドンを訪れたとき、偶然、「ユダヤ流揚げ魚」に出逢っている。フィッシュ・アンド・チップスを出した最初の店として認められているのは、1860年代創業、ロンドンのイーストエンドでいまも営業しているマリンズ・オブ・ボウだ。店主は東ヨーロッパから移住してきたユダヤ人移民、ジョセフ・マリンだった。こうして移民の文化が溶け込み――東ヨーロッパのユダヤ人が食べている魚とアイルランドのジャガイモが新世界を通り抜け――イギリス料理の象徴である多国籍料理ができあがったのだ。フィッシュ・アンド・チップスはアイルランドやスコットランド、さらに多くの国へと広がっていった。

2000年以上、魚は肉を禁じる多くのカトリック教会の祝祭日に食されてきた。歴史的に見ても、こうした祝祭日は1年で100日を超える。長年、魚は人気がなく、少しでもおいしくなるよう工夫されてきた。ヨーロッパ大陸ではフランスのタラ料理が進化した。四旬節に食べる白身魚のパイが、有名なベシャメルソースで変装した塩タラや、グラタンのなかに潜んでいる塩タラに変わった。パイはシーフードを飾るための一般的な調理法で、あるサヴォア人の料理長が、自分の料理集『料理のための料理 *Du fait de cuisine*』に載せた

イタリア北西部リグリア州風、タラのメインディッシュ。

1420年代のレシピを使い、雇い主のサヴォイア公アメデーオ8世を喜ばせたといわれている。また、クリームソースは、とくに塩タラから出る灰汁など、魚臭さを消す方法だ。初めて出版されたブランダード・デ・モリュ（塩タラのペースト）のレシピは、フランス、ニームのシェフ、シャルル・デュランが書いた料理書『料理人デュラン *Le Cuisinier Durand*』に載っている。ニームで人気のこの料理は、水で塩抜きした塩タラにオリーヴオイルと牛乳を加えて叩き潰し、ペーストを作る。ニンニクやジャガイモを加えることもあるが、ジャガイモはフランス南部では使用しない。著名なイギリスの料理専門家エリザベス・デイヴィッドは、この料理を次のように特別視した。「プロヴァンス料理のもうひとつの誇り。聖金曜日［カトリック教会では金曜日に軽い断食をおこない肉を断つ］の厳しい規律を和らげてくれるのよ」

スペインにも同じ料理ブランダーダ・デ・バカラオがある。スペインとバスク地方の料理にタラは欠かせない存在で、塩タラを焼いたり燻したりする。タンパク質の塩漬け技術は、ポルトガル同様、ほぼ同時期に、ケルト人とともにスペイン北部にやってきた。新世界を探検したポルトガル人もスペイン人も異国の食材を祖国に持ち帰った。カカオ、トウモロコシ、ジャガイモ、トマト、トウガラシ。しかし、塩タラをどこより重んじているのはバスクの台所だ。北大西洋のタラ釣りに挑んだ初期の冒険家はバスク人だったのだ。実際、新世界のトウガラシがバスクの伝統的なレシピに使用されている――塩タラのシチュー、バカラオ・アラ・ヴィスカイナ（ヴィスカイナ風塩タラ。トマトと乾燥トウガラシのソース添え）、バカラオ・アル・ピルピル（塩タラのオイル煮。地元の赤トウガラシ、エスプレットを使用）、バカラオ・アル・クラブ・ラネロ（塩タラのトマトソース）など。塩タラは、バスク地方の田舎町、とくにサン・セバスチャンのサイダーハウスで、タパスやピンチョスのような洒落た料理となって供されている。バスク人は隣のポルトガル人と同じように、塩タラを入れたパンスープも好んで口にしている。

クロアチアの食事は近隣ヴェネチアの影響がかなり大きい。ヴェネチアは4世紀近くにわたり、ローマ・カトリック教徒がほとんどを占めるクロアチアを支配していた。たとえば、多くの北イタリア人やクロアチア人は干しタラ（イタリア語でストッカフィッソstoccafissoまたはバッカラbaccalà、クロアチア語ではバカラbakalar）に目がない。イタリアの都市ヴィツェンツァに住むイタリア人は、かつて居酒屋や有名なレストランで人気のあった干しタラの伝統料理バッカラ・アラ・ヴィツェンツァが大好きだった。干しタラはイタリアのあちこちで需要があり、地元料理の食材となっている。地区によっては、祭りを開催してタラを祝っているところもあるほどだ。イタリアとクロアチアは塩タラも輸入している。クロアチア人は、冬、とくにクリスマス・シーズンの特別なディナーで塩タラを味わっている。

タラはノルウェーの漁業ではまぎれもない魚の王様だ。ノルウェーでもっとも有名な作曲家エドヴァルド・グリーグはこう主張したとされる――「私が書いた曲はタラの味がするようだ」。石器時代からタラを獲ってきたノルウェー人は、いうまでもなく、生タラから干しタラ、塩タラ、乾燥塩タラ、燻しタラ、さらには灰汁（あく）浸けタラ［灰汁は具材から出る苦みをさすこともあるが、本来は植物の灰を水に浸してすくった上澄み液のこと］まで、どんなタラでも使いこなす。ノルウェー人がいちばん好きなのは生タラで、さまざまな、そしてたいていは一風変わった方法で調理している。

早くも16世紀のスカンディナヴィアには、干しタラ（ときには塩タラ）に凝った加工を施し、冬に食べるタラがあった。ルートフィスク（灰汁タラ）だ。灰汁に浸けたあと流水できれいに洗ってからゆでると、ゼリーのような食感が生まれる。たいていは、溶かしたバター、コショウ、ゆでたジャガイモ、平パンを添えるが、地域によってさまざまだ。焼いたり、ゆでたり、蒸し煮にしたり、蒸したりする場合もある。フィンランドのスウェーデン語圏や北アメリカ植民地のコミュニティで暮らすノルウェー人、スウェーデン人、フィンランド人のなかにはルートフィスクを好んで食べる人もいるが、おおかたは苦手で、まずまちがいなく、食べているうちにクセになった人がほとんどだ。

干しタラを灰汁に浸けるのは荒っぽい方法だ。デイヴィッドソンはこの調理法を取る理由をいくつか挙げている。岩のように硬い干しタラを灰汁でやわらかくすると水がたっぷり浸透するし、冷蔵技術が開発されるまではノルウェーの寒冷な気候が合っていたらしい。中世に不衛生な環境で輸送されたあと、干しタラを清潔にする手段のひとつだったとする説もある。実際のところ、すべて推測だ。灰汁タラは、とくにスカンディナヴィアの歴史あるクリスマスの祝いの席で、いまも北アメリカに住む多くの移民に親しまれているが、移民減少とともにスカンディナヴィアではあまり注目されなくなっている。

干しタラと塩漬けして乾燥したクリップフィッシュは現在もノルウェーの重要な生産品で

16世紀に誕生したルートフィスクは灰汁に浸けたタラの料理で、冬に味わうことが多い。

あり続けている。調理法も多く、食べられるまで叩いてからバターで和えたり、ゆでたりする。祝いの席でも日々の食事でも、デンマーク人は熱いフルーツスープ、ソーショペを食べる。これは、ゆでたタラと、果物、果汁、オートミール、サゴ［サゴヤシから取れるデンプン］かタピオカ、レモンの皮の細切り、プルーン、レーズンを混ぜ、シナモンをふったスープだ。ノルウェー人はタラの尾をスモークして（ルーキロン）、バター、サワークリームを添え、新鮮なニンジンといっしょに焼く。オランダ人も生タラの尾を炒め煮にする。このクストーフド・カブリャウスタは、タラの尾にバター、レモン、パン粉をかけて炒め、ブイヨンを入

魚市場。タラのごちそう——タラコと舌——が売られている。ノルウェー、ベルゲン。

根菜とカレーマヨネーズをタラバーガーとドッキングさせたのは、ほかでもない、ノルウェー人だ。

れて煮たら、ゆでたジャガイモやニンジンを添えて供する。これらの料理を試食してみると、なぜ北ヨーロッパの料理がこれほど変化してきたか、深く理解できるかもしれない。こうした料理はいまも作られてはいるが、人気は薄れてきている。

キャビアの代用品とされるタラの卵、タラコは、メスのタラから採れる。現在は非常に高価だが、漁獲可能量が制限されるまでは手頃な価格だった。タラコはゆでたり、揚げたり、スモークしたりして、風味豊かなソースをかけ、レモン、ジャガイモを添えて食べる。デイヴィッドソンはフランドル地方のレシピを記している。モスリン［料理用の濾し布］で包んだ大きなタラコを塩水でゆで、湯をこぼしたら冷まし、板状に形を整えて揚げる。できあがったらパンやトーストに乗せてかぶりつく。タラコペーストのワッフル、ロンヴァッフェは、どろどろした珍味、生タラコの意外な味わいかたで、ノルウェーの一部で親しまれている。ギリシア人が好きなのはスモークしたタラコのスプレッドで、淡いピンク色をしたタラモサラタだ。もともとは乾燥させたボラの卵［日本三大珍味のひとつ、からすみの材料］で作っていた。作りかたは変化しているが、水に浸した白パンやマッシュポテトなど、デンプン質をベースにして、レモン果汁、オリーヴオイル、みじん切りのタマネギ少々と混ぜる。

多くの漁師が、タラの頭、喉の筋肉（「舌」）、頬肉を最高の部位に位置づける――デイヴィッドソンはこう強調する。あと、浮き袋も仲間に入れておこう。彼いわく、ノルウェーのベルゲンでは焼いたタラの舌にホワイトソースをかけ、ゆで卵を乗せ、粉チーズをかけ、いわばグラタンにする。ニューファンドランドでは塩タラの浮き袋を、塩漬けブタ、硬いパン、レーズン、モラセス［白糖を精製するときに出る副産物。糖蜜］と混ぜ、シナモンやクローヴなどのスパイスを振り、パイ生地に入れて焼く――伝統的なイギリスの「ミンスミート」パイの別ヴァージョンだ。ベルギー人が作るのはカークシェス・エン・キルジェス（頬と喉）だ。タラの美味な頭から舌と頬を取り出して、タマネギ、塩、コショウを足し、酢を入れてゆでる。これも、ゆでたジャガイモと溶かしたバターを添えて供する。残った頭はスープに使う。アイスランド人は浮き袋を揚げ、舌をゆで、お決まりのゆでたジャガイモを添える。

さらに東方のバレンツ海は、世界でも巨大で頑強なタラが獲れる有数の漁場だ。バレンツ海沿岸に住むロシア人は地元で獲れるタラを愛していて、ロシア南部では「かわいい魚」と呼んでいる。愛情の表れだ。エレナ・イワノヴナ・モロホウェッツは『若き主婦への贈り物 *A Gift to Young Housewives*』で、いくつもの魚のレシピを紹介するなかでタラを絶賛している。この主婦向けガイドブックは700ページ近い大作で、家事の知恵や3000以上のレシピが掲載されている。ロシアの古典的な家政教本であり、1861年の初版から1917年のロシア革命の開始によって絶版となるまで、29版、重版された。この秘蔵の大型本は、亡命者が持ち出し、次世代が受け継ぎ、モスクワの街路で売買された。モロホウェッツは塩タラの処理法（24時間、水にさらす）や、干しタラの処理法（水にさらす、叩く、塩水につける）を紹介し、事実、生タラがいちばんおいしいと認めている。彼女の生タラと塩タラのレシピは奇抜で、チェリーと赤ワインのソースを使っており、甘味と塩味の組み合わせがポイントだ。タラは牛乳でゆでて水気を切り、無糖のチェリーピューレ、バター、水、ブイヨン、赤ワイン、砂糖、スパイス（シナモンと挽いたクローヴ）を混ぜて片栗粉でとろみをつけたソースをかける。また、モロホウェッツはタラにかけるソースを多種すすめている——ジャガイモとマスタード、トマト、テーブルワイン（白）、そして、ザリガニとアミガサタ

タラの頬は大粒のホタテくらいの大きさで、タラのなかでも格別においしい部位だ。

ケのソースだ。

ロシア文化と食物学の元名誉教授であるダラ・ゴールドスタインは、「ロシア人にとって魚のない暮らしなど考えられない」と述べている。21世紀に出版したロシア料理の本『北風の向こうに――レシピと伝承に見るロシア *Beyond the North Wind : Russia in Recipes and Lore*』で、彼女はロシア料理の伝統の神髄を追究した結果を書き記した。ゴールドスタインによると、タラは、タラが獲れるバレンツ海沿岸に住むロシア北部の人々がもっとも愛しているもので、南にいくほどその気持ちは薄れるらしい。ロシア北西部アルハンゲリスクの人々はトロール船団で出航し、白海のタラを捕獲する。持続可能性（サステナビリティ）の認証を受けてはいるものの、彼らは蔑視され、「タラ食い人」や「ロシアの田舎者」と呼ばれてきた。

生タラはロシアで愛され、モスクワ、サンクトペテルブルクなど主要都市のお洒落な食料品店で売られている。ゴールドスタインいわく、ムルマンスク風のタラ料理は寿司にも使える生食用の切り身を使い、海塩、コショウ、ローリエ、ヒマワリ油で風味をつけるらしい。ムルマンスクはロシア北西部の港で、ヨーロッパでも指折りの巨大な魚加工工場があり、膨大なタラが獲れるバレンツ海に面し、北極圏の北部にある。ゴールドスタインはロシア独特のフィッシュケーキ［定番のフィッシュケーキはジャガイモとほぐした白身魚で作る魚のコロッケ］を紹介している――作りかたは2段階で、タラをソテーしてからオーヴンで焼く。西洋のフィッシュケーキのレシピではニンニクとディル［魚料理によく使われるセリ科のハーブ］はあまり入れず、衣にはパン粉ではなくライ麦粉を使うことが多い。

炒めてから蒸し煮にしてホースラディッシュを添えるタラ料理にもライ麦粉とディルを使う。ゴールドスタインは読者に念を押し、新鮮なホースラディッシュ（360グラム）でタラを覆って蒸すさい、タラの優しい風味を殺さないよう注意している。昔ながらのロシア料理には心温まるスープが必要だ。たとえば、誰もが認める漁師の魚スープ、ウハーは農民やフランスびいきの貴族からも長く愛されてきた。土地による違いはあるが、ゴールドスタインが記したロシア民族ポモール風魚スープのレシピは、タラ、サケ、オヒョウを混ぜている。伝統的な本来のポモール料理は、生タラの肝油と、入手しやすかったオヒョウの頬を使っていた。ゴールドスタインのレシピは風味こそ強くなるが、スープに含まれるオメガ3脂肪酸の量は減ってしまう。ポモール族はロシアのさらに北方、白海沿岸で暮らし、タラやオヒョウを使って澄んだだし汁を取っていた。

タラ料理がどのように変化しようと、タラは国際貿易において重要な食材であり、13世紀以前にノルウェーが作った干しタラからずっとつながっている。タラはヴァイキングの暴動や探検を支え、彼らを新世界に導いた。北大西洋で大量のタラが発見されていなかったら、また、塩漬けや乾燥でタラが保存できていなかったら、ヨーロッパ人、とくにポルトガル人は、あれほど早く新世界を発見していなかっただろうし、大海を渡るスパイス貿易路で富は生まれていなかっただろう。保存食のタラは船乗りの栄養源になるだけでなく、近海でタラが釣れない地域の人々や内陸部に住む人々の主食にもなった。

ナイジェリア人がノルウェーからの贈り物タラと地元の材料を融合させたように、他の国でもタラをファストフードのスナックにしたり、地元の日常食にしたり、祝宴のメニューに取り入れたり、宗教における禁欲の日に肉の代わりにしたりしてきた。タラ料理の長い歴史をたどると、世界の大陸のほぼ全域に広がっていることがわかる。今後、人間の尽きない食欲のせいで、この範囲は狭まっていくのだろうか？　さらに、この無比の魚は絶滅してしまうのだろうか？　そんなことがあってはならない。タラのない人生など、ぜったいに考えられない。

第5章 ◉ 21世紀の持続可能性

ニューファンドランドでおこなわれていた無比のタラ漁は1990年代前半に崩壊しはじめた。カナダ水産海洋省は、ニューファンドランドとラブラドルの経済と文化の土台だった500年に及ぶ漁業神話にはっきりと終止符を打った。豊富にいたタラも絶滅の危機に瀕するほど激減した。おもな理由はカナダをはじめとする国際的な乱獲だ。この問題に向き合うために立てられた対策によって3万人の職が奪われ、地域の漁業組合は閉鎖となり、カナダの納税者は何十億カナダドルもの税金を課された。さらに、タラの保護措置を講じるべき政府の不手際、繰り返し警告を発してきたタラ専門家の無力、漁師の脆さが露呈した。なぜこのような事態に陥ってしまったのだろうか？

何世紀ものあいだ、私たちはタラは無尽蔵な食料源だと思い込んできた。しかし、タラの数が絶滅を思わせるほどまでに激減すると、前述のカナダのように、すぐさま事の重大さをしっかり認識するよう迫られた。世界の人口、そして収入が増えたため、タラの需要も増え

トロール船が巨大な網を使って数十万匹のタラを陸揚げしている。簡単に乱獲してしまう漁具の典型だ。

ているのだ。タラの数をコントロールすることは簡単ではない。なぜなら、ひとつには、生息数を把握すること自体、かなり難しいからだ。さらに、昔からずっと漁の技術は改善され続けている。船体、蒸気やディーゼルなどのエンジンが新たに開発され、氷や冷凍などの保存技術も発達した。こうした進化すべてが乱獲を後押ししている。とりわけ、多くの卵を産むメスの集団や、タラを含め対象外の海洋生物を捕獲してしまう混獲が原因だ。加えて、違法な漁や、公海を独占する貪欲な商船に支払う政府補助金もはずせない。これでは乱獲は避けられない。ローズによると、タラ乱獲のむごたらしい被

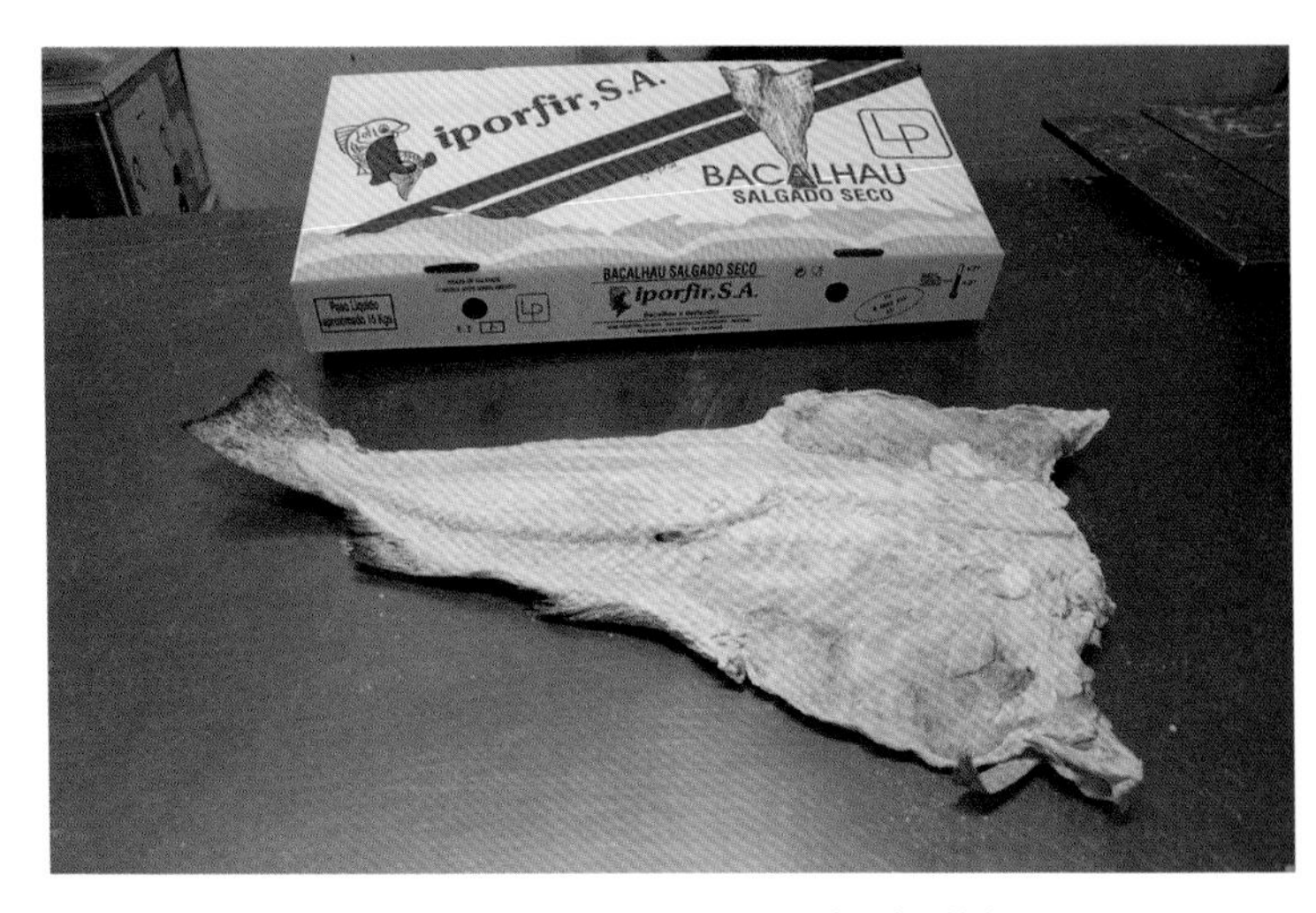

新鮮なうちに冷凍するアイスランドの塩タラは世界中に輸出されている。

疑者はポルトガルとスペインだ。

私たち人間はうぬぼれている。以前から種の減少は生じており、その種を復活させるのか、あるいは、なしでやっていくのか、考えてきた。しかし、地表の3分の2を覆う大海には繊細な生態系があり、簡単には管理できない。それでも、持続可能なタラ漁場を拡大し、おいしくて風味豊かな聖なるタラを思い出の食材にせず、食べ続けていけるよう守っていく手段はある。選択肢はたくさんあるのだ――捕獲量を制限して管理を徹底する、禁漁区を設ける、しかるべき漁法を用いる、などなど。この目標を達成するには、漁業関係者、政府、専門家、消費者が協力しなければならない。ローズによると、こういった対策はすでにアイスランド、ノルウェー、ロシアで結果を出しはじめており、産卵するタラが「数十万トンから数百万トンに増えている」という。ただ、北アメリカではまだ変化が見られていない。

◉魚の数えかた

タラ漁の崩壊からほぼ30年たったが、カナダが期限つきで出した禁止令はいまもほとんどが解除されていない。ほんの短期間、ゆるやかながら北方のタラが復活していたが、漁業はまだ完全復活していない。もしも大海にいるタラの数を正確に把握する方法があれば、捕獲量を難なく統制できるだろう。しかし、海にいるタラの全数をつかむことはこのうえなく難しい。毎年、水揚げされるタラの数を記録することは可能だが、それは全体のほんの一部にすぎないのだ。

タラを絶滅から守りつつ漁を続けるには、何匹まで捕獲していいのか。どうやって判断すればいいのだろう？　タラ漁は政府の漁業関連組織が各国の法によって規制している。漁業の専門家は多くの情報源をもとにタラの数を推測している。タラの状態、それまでの繁殖率、漁業水域制限を考慮して算出するのだ。重視されるデータは、水揚げされたタラの数の追跡調査を基準にしている。つまり、捕獲され、漁港に着き、販売されたタラの数だ（「漁獲量」

ロフォーテン諸島の漁師。タラの頭を積んだ山の上に立って、2匹の巨大なタラを手にしている。1910年。アンダース・ビア・ウィルス撮影。

は海に仕掛けた網で獲った獲物の総量）。

また、漁業研究者は捕獲したタラを監視するため漁船に乗り込み、廃棄量（混獲した魚）のほか、漁師の意見や関連データも収集している。さらに、研究者組織はタラや大海の状況を調査する専用船も所有している。特定の魚の数やバイオマス［動植物から生まれる生物資源の量］の総量を試算するのだ――基準にする情報は、魚の年齢層、繁殖力、産卵の習性、寿命や捕獲による死（自然死や捕食）など、多岐にわたる。

しかし、こうした規制やデータがつねに役立つとはかぎらない。おまけに、私たちはヨーロッパの海でタラを獲り尽くした過去を忘れてしまったようだ。15世紀後半、ヨーロッパのタラとクジラを乱獲し、増えていく人口に対応するため、漁師たちが新たな漁場を求めて新世界に渡ったのではなかったのか。しかし、その新世界でさえ懸念が湧きあがった――早くも1668年、マサチューセッツ湾のタラ漁は1年のうち2か月が閉鎖されていたのだ。『死にぎわの海 *The Mortal Sea*』の著者W・ジェフリー・ボルスターの見積もりでは、現在、メイン湾にいるタラの数は、わずか2世紀あまり前の1パーセント以下になっているという。私たちは、今後ふたたび、大西洋北西部で大量のタラを目にすることができるのだろうか？　いや、違法な漁がなくならないかぎり不可能だ。

タラの数の把握をさらに難しくしている原因は、違法な漁をする漁師が水揚げ量の報告書を捏造（ねつぞう）するからだ。驚くべき例は、「コッドファーザー（コッド＝タラ）」だろう。アメリカに移住したポルトガル人カルロス・ラファエルは、「北アメリカでもっとも悪質な漁業の罪を犯した人物」として知られている。大規模な漁の詐欺を働き、2017年に発覚して前述のあだ名がついた。マサチューセッツ州ニューベッドフォードで、彼はタラ31万8000キロの水揚げを、マコガレイ、スケトウダラ、コダラと偽り、嘘の報告書を提出した。当時の漁はタラだけでなく非常に厳しい割り当て量があった。彼と彼の雇った漁師たちはこの罪に対してかなりの罰金を支払った――当然だ。コッドファーザーは永久に漁業界から追放され、罰金を科され、

タラはニューイングランドの文化に深く根づいている。写真のタラは、代表的なシーフードチェーン店、リーガル・シーフーズの看板。下あごから垂れているはずのひげがない。

投獄された。

現在、漁業界は政府や専門家と協力し合い、一見、避けられそうにないタラの絶滅を食い止めようと努力している。漁師は専門家の知識を借り、人間が沖合に作った風力発電基地や船舶から出る音がタイセイヨウタラの産卵に悪影響を及ぼす理由を学んでいる。しかし、いちばんの原因はあきらかに乱獲だ。むろん、ほかにも誘因はある。海水温上昇によるエサの減少。生態系や気候の変化。そして、タラ自体の自然な変化。タラの数を見てもわかるとおりだ。すでに2012年、『乱獲：漁業資源の今とこれから』［市野川桃子・岡村寛訳／東海大学出版部／2015年］の著者レイ・ヒルボーンは、わずか30年で「数百万tあった厖大な資源は数万tにまで減少したのである」と書いている。しかし、激減は1960年代に集中して起こっている。ボルスターが指摘したとおり、当時、外国の大型工船やトロール船が、情け容赦ないない効率を求めて乱獲したのだ。カナダ漁業を崩壊させたのはこれが主因だといってまちがいないだろう。

しかし、問題はタラの捕獲数だけではない。大型で年をとったメスを保護することも重要だ。2018年のサイエンス誌に「魚の世界における大型メスの重要性」という記事が掲載された。ここには、生物学者が世界中の342以上の魚を調査し、年齢のいったメスほど産卵数が多いことを解明した経緯が綴られている。1世紀以上にわたって、私たちは大きな卵巣を持つ大きな魚がたくさんの卵を産むことは認識していた。では、今回、新たになにがわかったのか？　研究者が発見したのは、大型のメスが産む卵のほうが質がいいという点だ——大きくて脂肪分が多く、つまり、エネルギーがたくさんあるため、多くが生き残り、ひいては多くが成魚になる。研究者はサイズの重要性を理解し、大型のメスをBOFFF（Big Old Fat Fecund Female Fish、大きくて太った多産な老メス魚）と名づけた。

問題は、漁業界がたとえ乱獲はせずとも、釣りやすい大きなタラを捕獲してきた点にある。つまり、産卵数の多いタラがいなくなり、結局、次世代が減っていくことになるのだ。

デイヴィッド・アッテンボローは2020年に出版した『地球に暮らす生命 *A Life on Our Planet*』［Netflixで映像版を配信。2020年］のなかで、「我々は漁業においてあまり

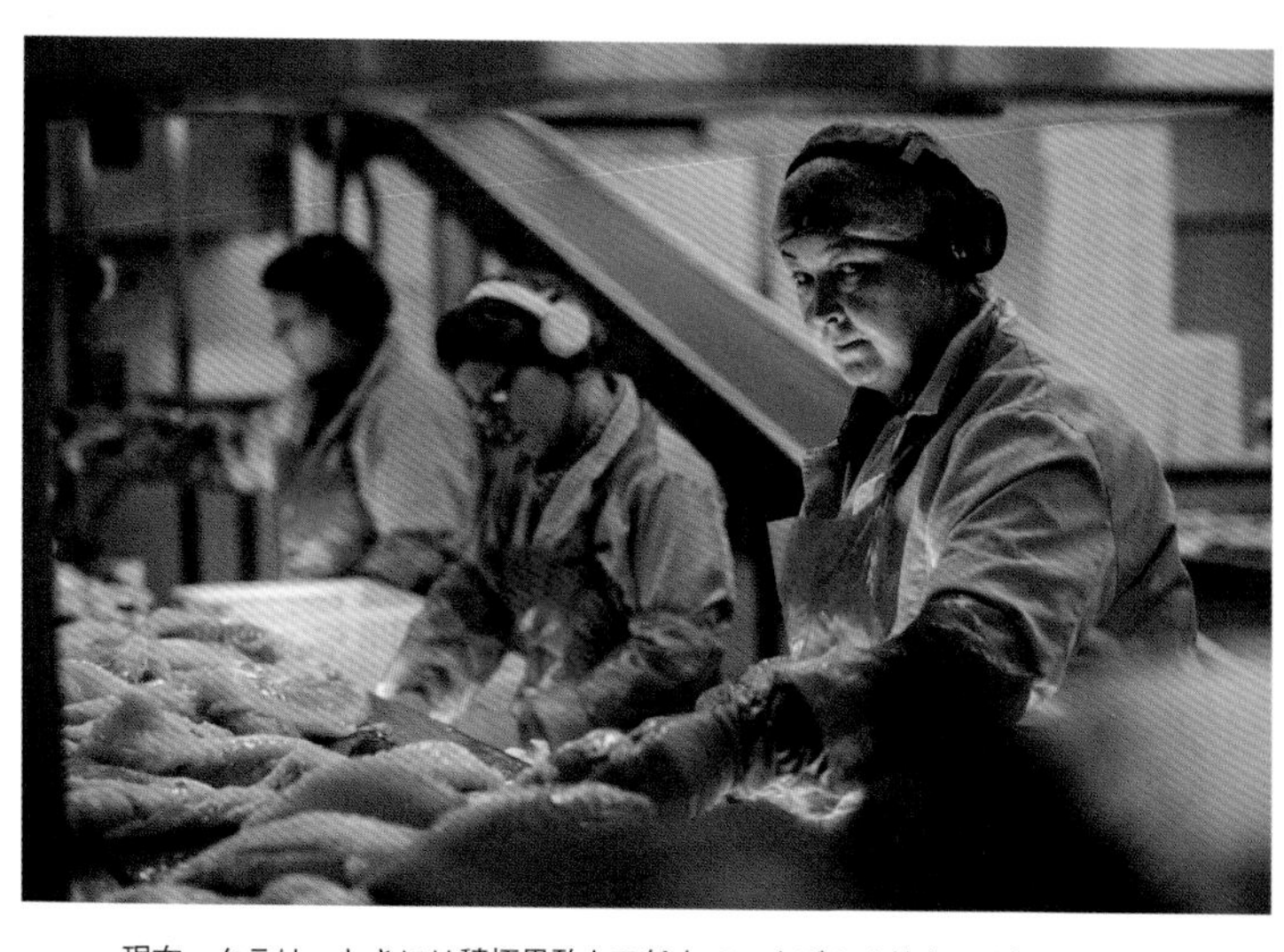

現在、タラは、ときには積極果敢な工船上で、すばやく効率よく加工される。

に技術を向上させすぎた」と述べている。おそらく、これですら控えめな表現だろう。新しい、ときには見境のない技術によって、ほとんどの魚が人間の食材となった。私たちは、原住民が骨で作った簡素な釣り針や天然の繊維で編んだ網を使っていた時代から、長い長い道を歩んできたのである。

大規模な戦争中に発展した技術が、別の業界で利用されるのはよくあることだ。たとえば、高性能のディーゼルエンジンや魚群を探知する電子機器もしかり。1960年代には第2次世界大戦中に開発された電子ナビゲーションシステム、レーダー、ソナーが屈強なトロール船に搭載され、タラを追った。トロール船は多くの国——イギリス、日本、ポルトガル、（当時の）ソビエト連邦とその衛星国――が活用した。この新技術は漁業に多大な影響を及ぼした。漁場は拡大され、漁師が長期間漁に出られるようになった。なかには6週間漁に出る工船もあった。15世紀、オランダが一種の工船を所有していたが、工船による捕獲は新たなスーパートロール船の登場で1950年代に様変わりした。この巨大工船は大海を航行できる船で、船上で魚を加工・冷凍する設備を整えている。冷凍トロール船は全長144メートルに及び、3000トンの燃料を備え、1日に350トンの魚を加工し、7000トンの加工魚を備蓄・輸送できる。また、小型船団の母船になることも可能だ。2019年、世界最大級の工船は、驚くなかれ、1年間で54万7000トンの魚を処理した。いかにも、私たち人間は効率重視のむごい漁を発展させてきたのである。

◉大海の生態系を変える

タラは戦うことすらできなかった。前述のトロール船はカナダ北方のタラ漁場が崩壊した主因のひとつだった。底引網がタラが棲む大海の床を傷つけたのだ（破壊したという説もある）。水深の中間層にトロール網を仕掛けるカラフトシシャモ漁は、タラの当面の生態系を変えてしまった。

アイスランドの塩タラを保管したラック。梱包されるのを待っている。

現在、多くの原因が組み合わさって生態系をむしばんでいる。気候変動によって海水温が上昇すると、タラは棲みにくくなり、エサも減少する。ヒルボーンによれば、大気中の二酸化炭素が増えているため海水がますます酸性化し、エサとなる生物が死ぬかもしれない。また、気候変動によってタラがより冷たい海水を求めて北上しているのも事実だ。

ヒルボーンは『乱獲』で「漁獲は生態系を変えてしまう」と書いている。高性能の漁船が想像を絶する量の魚を捕獲し、ときには海底にダメージを与える。乱獲と混獲（対象外の海洋生物の捕獲）は生態系を変え、捕食者と餌食のバランスを崩し、タラのような大型魚にエサを与えなければならなくなる。おまけに、漁師、漁業組合、政府は、これまで暮らしを豊かにしてくれた漁業に制限をかけたりあきらめたりすることは不本意なのだ。
現在は各国政府がタラを管理し、漁獲制限を設けるようになった。さらに、自国のため、あるいは、他国から自国を守るため、近海の魚資源を保護する領海を設けている。これは理にかなった対策だ。むろん、国によって相違はある。アメリカ政府と、ノルウェーやアイスランドの政府には大きな違いがある。アメリカは乱獲の定義を明確にし、違反者に厳しい罰を科している。また、一部海域を保護し、タラのような魚が漁師を恐れず暮らせるようにした。いっぽう、ノルウェーとアイスランドは領域にいるタラの量に合わせて漁船の規模を決め、漁獲量をめぐって漁師が競わないようにしている。

◉再建法

乱獲を避け、とくに漁獲量を制限することは、タラの生息数を回復させるおもな方法のひとつだ。また、領海全体を漁業禁止にする策もある。早くも1410年には、ノルウェーのベルゲン近海では消えゆく資源を守るため、一時的に漁業が完全休止とされた。また、漁具の調整は劇的な効果が出る――トロール網を海底から従来より高い位置に設置すれば、タラは網が近づいてきたとき深く潜って逃げることができる。網による漁の被害が大きいのは、

イーストボストンにある現代美術協会（ICA）の屋上を飾るタラ。この界隈は昔から造船と移民で知られる地区だ。

産卵期にはエサに食いつかない、大きくて年取ったもっとも産卵性の高いメスのタラを捕獲してしまうからだ。

どうしたら持続可能な漁業を築けるだろう？　ヒルボーンは『乱獲』で、持続可能な漁業ですら「漁業がなかった場合の資源量の20～50％に減ってしまう」と指摘している。20世紀前半、科学的調査がいくつかおこなわれたが、人間が漁場を探索する前に魚が何匹いたかなど正確には誰にもわからない。持続可能な漁業をよりわかりやすく定義するなら、乱獲によって減少しない程度に魚を捕獲することだ。しかし、それにはタラが減少しているかどうかを判断するベースラインが必要だ。人間の記憶はあてにならない——タラの標準生息数については世代ごとに考えが異なる。まちがったベースラインをもとにタラを捕獲し続けたら、長年ののちに起こる変化が見すごされ、乱獲や絶滅の危険性が高まってしまう。

「タラの復活力にはほんとうに驚かされる」とローズは書いている。いまやタラは以前ほど大量には生息していないが、タラ全体としては絶滅の危機を逃れている。それでも、すべての漁場で乱獲がおこなわれ、区域によっては管理が行き届いていない。バレンツ海にいる北東北極海タラやアイスランドタラの一部は生き残っているが、双方とも乱獲、違法漁、漁業開発によって危機に瀕していた（ノルウェーとロシアはバレンツ海のタラを配分している）。どちらのタラも、迅速な管理対策といくつかの幸運が重なって回復した。1000年のあいだ北東北極海タラの栽培漁業に成功してきたノルウェーでは、漁具に厳しい規制がかけられている。ノルウェー沿海のタラは回復対策が必要だが、北方のタラのように数種は数が増えつつある。ヨーロッパのタラのほとんどはようやく復活し、繁殖力もあがっているが、捕獲はいまも続いている。その他は深刻な状態で、ジョージズバンク、メイン湾、ノヴァスコシア沿海等のタラはすでに絶滅寸前で復活しようともがいている。

2017年、アイスランドのタラは、国が持続可能な漁業対策を打ち出し、漁獲割り当て量を設定したおかげで、１９８５年以降最多となった。「そして、産卵期のメスの保護や稚魚が多くいる地域の保護など、他のしかるべき措置……さらには、いうまでもなくタラの主食（カラフトシシャモ）に関する適切な調査も功を奏した」とローズは書いている。こうした対策によって、タラの最高の漁場を所有するアイスランドは、タラ資源を増やしつつ、最多のタラを捕獲できるようになった。ノルウェーでは厳しい漁具規制が見事な結果を出している。

人間はつねに海洋生物は無限に存在すると考えてきた。とりわけタラは無尽蔵に思え
るからだ。しかし、適切な量を捕獲するための、誕生数と寿命や捕食による死亡率とのバランスをとらなければならない。もしニューファンドランドのように獲りすぎれば、タラ資源は激減し、復活させることはかなり困難になり、できたとしても相当の時間がかかる。だが、ローズいわく、タラの減少をすばやく察知し、規制をかけて保護しながら、捕食者と被食者のバランスを取れば、この素晴らしい魚を復活させることは可能だ。過剰に求められ、ごくわずかとなったタラでも、きっと戻ってくる。私たちにも持続可能な漁業を支えることはできるし、復活して繁殖した多くのおいしいタラを味わうことができるのだ。

タラには救う価値がある。まちがいない。有名なフランスのシェフ、オーギュスト・エスコフィエは１９０３年に出した『エスコフィエ　フランス料理』［角田明訳／柴田書店／

1969年』（1979年、『現代調理ガイド決定版 *The Complete Guide to the Art of Modern Cookery*』として英訳された）のなかで次のように書いた。もしタラが珍しい魚だったら、「サケと同じように高い評価を受けるはずだ。ごく新鮮で質が高いタラなら、その身の絶妙な味と香りは魚のなかの魚、ナンバーワンといっていい」。つまり、いまやタラは「ナンバーワン」なのである。

第6章◉タラの保存・購入・調理

ケルト人は塩に関する知識があった。オーストリアのザルツブルク近郊には7000年の歴史を持つハライン岩塩坑があり、ケルト人もそこで塩化ナトリウムを採掘していた古代民族に含まれていた。塩には非常に役に立つ特徴がある。人間に不可欠な栄養素であり、保存や好みの味つけにも利用できる。また、交易品としてもかなり価値が高かった。ケルト人は塩やさらに利益の出る塩漬けした食品を、ヨーロッパ全土、さらには北アフリカ、トルコまで広範囲にわたり、川路を使って積極的に輸送していた。しかし、なぜ、ハライン（ケルト語で「塩の町」を意味する）でおこなわれていたタンパク質の塩漬け保存技術が、大西洋のタラ漁師たちに伝わったのだろうか？

人間が生き延びるためには、作物が収穫できない時期の食品を保存しておくことが不可欠だった。第6章では、タラのおもな保存法ふたつ――乾燥と塩漬け――について解説し、調理法にも触れる。ふたつの保存法はまったく別の技術を要するが、このおかげで漁師たちは北大西洋で大量に獲れるタラ資源を活用することができた。北ヨーロッパでは、ノルウェーが干しタラの製造に最適な気候を有している。同様にタラの乾燥に都合がいい北大西洋北東部の国は、アイスランドとフェロー諸島だけだ。他のヨーロッパ諸国からやってきた北大西洋の漁師は、祖国の市場に持ち帰る長旅のあいだタラが持つよう、塩が必要だった。どちらの処理を施したタラも、水に浸けて戻さなければならず、調理の下ごしらえには時間と労力がいる。

何世紀にもわたり、タラは西洋でもっとも消費されている魚だった。ごく最近まで、無尽蔵の魚だと思われていた。いま、消費者はこの貴重な資源の保護に関心を持たなくてはならない。窮状は明らかになっている。激減のおもな原因は長年にわたる執拗な乱獲だ。持続可能な漁業で捕獲したタラを選んで購入しよう。ちょっとした注意が必要だが、たいした手間ではないし、現在の漁業を支えることができる。では、まずはタラの保存法から見ていこう。

◉タラの保存の歴史――乾燥と塩漬け

魚の保存には長い歴史がある。エジプト人――塩が持つ保存性に初めて気づいた――は紀元前2800年頃、塩漬け魚の交易を急成長させた。エジプト人はナイル川の湿地帯から塩を採っていたのだ。イタリア半島に住む古代人も塩を発見し、サラリア街道という道まで完成させた。

生命維持に重要なタンパク質を保存する最古の方法は塩漬けと乾燥だった。中国では紀元前２０００年頃に塩漬けを開始した。乾燥の歴史ははるかに古く、紀元前１万２０００年にさかのぼる。周知のとおり、ヴァイキングはタラを乾燥していたし、ノルウェーではそれよりさらに昔、１万１０００年前に入植者が上陸した頃から取り入れていた技術らしい。生きていくために必要なこれらの保存法にまつわる知識は、数世紀をかけて北大西洋のタラにも適用されるようになった。

では、塩とタラを最初に結びつけたのは誰だったのだろうか？　発端は不明だ。ただし、塩を採掘し、塩化ナトリウムを売買していたケルト人は先駆者に含まれるだろう。創造性に長けたケルト人――ヨーロッパのほぼ全土に散らばった初期インド・ヨーロッパ語族――は塩に関する知識があり、塩を使って肉を保存していた（そのおかげで、こんにち、有名なパルマハムやブレザオラ［どちらも高級な生ハムの一種］を味わえるのだ）。紀元前４００年頃から、ケルト人戦士は西方に進みながらどんな相手も支配し、行く先々で食品の塩漬け法をはじめ自分たちの革新的な技術を伝授していった。紀元前50年頃、ローマの遠征［ガリア戦争。紀元前58年から51年にかけて、ローマ総督カエサルがガリア（現フランス、ベルギーあたり）に遠征して全域を征服した」が終わると、移住していたケルト人［ガリア人の一部］の生き残りは、イギリス諸島からフランスのブルターニュ、イベリア半島［スペインとポルトガル］北西部まで、ヨーロッパの大西洋沿岸に逃（のが）れ、人里離れた集落で暮らしていた。ケルト人がブタの塩漬け技術をローマ人に伝えたことを考えると、その技術をどこであれ自分たちが住む地域で入手できるタンパク質に応用したことは想像に難くない――そう、魚だ。

ヨーロッパ人は塩が手に入るようになると、ニシンやウナギなど、さまざまな魚の塩漬けに活用した。北ヨーロッパの貿易連合、ハンザ同盟は、人気のある塩漬けニシンの商売を独占し、バルト海沿岸全域で塩タラ（と干しタラ）を売買した。塩はドイツ北部リューネブルクの製塩所から、中世の塩街道アルテザルツに沿って北海の港リューベックへと運ばれた。ポルトガルでは、浅い沼地から海水を汲み、水分を蒸発させて塩を採っていた。魚の塩漬け用として需要が高く、北ヨーロッパ、とくに自国にも塩類泉があるイギリスや、オランダ、デンマークなどに輸出された。中世以降、19世紀まで、海水を蒸発させて採った塩だけが、魚や肉の保存に利用できる品質を保っていた。かつては天日塩、現在は海塩として知られる塩を食卓塩と混同してはいけない。海塩は最上の風味を持ち、きわめて純度が高い。さらに、その大きな結晶は理想的だ。保存処理の質を下げて変質や変色につながる「塩焼け」を起こさないからだ。

塩タラの質は初期の頃から格段に上がった。

ヴァイキングには、塩が大量にあるフランス北部、現在のノルマンディーを襲撃するまで、塩を調達できる領土がなかった。ローズによれば、ついにバスク人がヴァイキングの所有する膨大なタラに気づき、ヴァイキングを追って北大西洋に到達した可能性もあるという。バスク人はクジラをはじめ魚の身を塩漬けにしていたし、少なくとも700年前から塩を採集していた。16世紀初頭、バスク人は利益の多いクジラを追って大海原で長旅をしていた。そのあいだの補給食にするため、莫大な量のタラを塩で保存していたのだ。貪欲なヨーロッパの市場に新しいシーフードを持ち帰れるなら、一石二鳥だった。競争の激しい国際的な漁業の環境から考えると、ありあまる資源を分け合って活用する戦略を見出すのにそう時間はかからなかっただろう。しかし、いざタラの塩漬けが始まると、まったく新しい、儲かる魚のビジネスが生まれた。古代の錬金術のように、ありふれた物質である魚が新しいものに生まれ変わったのだ——金（きん）に！

19世紀まで、タラを保存する方法は塩漬けと乾燥のふたつだけで、これらの方法が生まれたことで世界の多くの地域でタラが主要な食材になった。北ヨーロッパのほとんどの国では自国で採れない塩は高価だった。となれば、とくに風と陽射しが多いノルウェー、フェロー諸島、アイスランドでは、乾燥による保存以外考えられなかった。干しタラ——5〜7年は持つタンパク質の塊——は生産費用もたいしてかからず、輸送も容易で、食べられる状態に戻すのも簡単だ。ただ、南ヨーロッパや新世界の大部分は適切な環境にないため、干しタラを作ることはできなかった。

塩タラは神からの贈り物だった。塩漬けは天候に左右されない。入手が容易で頼りがいのある良質な資源、塩化ナトリウムさえあればよかった。保存処理にはいくぶん注意を払わなければならないが、塩タラは干しタラよりも手早く簡単に加工できるし、味もよく、はるかに長持ちした。輸送も容易で、ニシンやクジラなど他の塩漬けほどすぐには傷まない。

17世紀頃の新世界では、急増する需要に応え、一年を通して保存タラを製造しようとする商戦が過熱していた。というのも、塩が安くなっていたからだ。塩タラを作るには、通常、

タラの頭は頬や舌と同様、珍味のひとつだ。

タラに塩を振り、それから乾燥させる。頭を落とし、はらわたを取り除いたら、塩を振りながら樽に重ねて詰め、水分含有量を60パーセントまで減らす。その後、可能なら、さらに水気を抜いて40パーセントまで落とせば、適切に保存処理を施した望ましい塩タラができあがる。製造業者はそれぞれいろいろな方法を試した。ときに塩漬けするだけで乾燥させずに売買することもあった。このタラはグリーン・タラと呼ばれ、干しタラよりも元の姿を残している。

ノルウェー、ベルゲンのハンザ博物館。何百年ものあいだ、ヨーロッパのタラ交易の拠点だった。

フランス人消費者の多く、とくにパリ市民や北部州の人々はグリーン・タラを好んだ。グリーン・タラは釣ったあと船上で塩漬けされる。つまり、樽に詰め込んだタラをヨーロッパに持ち帰る途中で乾燥のために陸揚げする手間が省けるのだ。

イギリス人は控えめに塩を振った干しタラを好んだ。塩の消費も抑えられたし、何世紀ものあいだ、カリブ海や地中海沿岸地域の市場ではこの保存法に人気があった。どちらの保存法の塩タラも干しタラより求められたが、値段は高かった。イギリス人は他の保存法を探究し続けた――その結果が、グランドバンクスで獲れたタラを「夏に加工する干しタラ」で、プア・ジョン、またはハバーディンと呼ばれた。このタラはシェイクスピアの『テンペスト』に出てくる。王お抱えの道化師が海辺で大きな物体を見つけ、こんな言葉を口にする。「魚だ、魚臭い。大昔にとれた魚のにおいだ。一種の、干鱈だが、とても新鮮とは言いがたい」［邦訳版ではこの「干鱈」に「poor-John 塩漬けにして干した魚」という注がついている］

タラの保存法に基準はなく、品質は環境、供給量、目標漁獲高によって決まった。漁業関係者は可能なかぎり質の高い塩タラを加工しようと尽力していたが、いつもうまくいくわけではなかった。カナダのニューファンドランドには豊富なタラ資源があった。ニューファンドランド北東部沿岸の入り江は、塩タラ作りをする小屋が集まる中心地で、漁師の家族が近海でタラ漁をして保存作業をおこなっていた――風があり、陽が降り注ぐ夏に、薄い木板にタラを並べて丁寧に塩を振り、天日干しにする。カナダでは最高のタラだった。ただ、グランドバンクスとサンピエールバンクスに面する蒸し暑い南部沿岸で作る塩タラは、他と比較できるようなレベルにはなかった。祖国に持ち帰るまでの長旅に耐えられるよう、相応量の塩に漬け込んだからだ。

ラブラドルでは大漁が目的だった。ここで作られる塩タラは「ラブラドル処理」といわれ、質が悪いことで知られていた。結局、自分たちの欠陥品を救いたいと願うニューイングランド人とニューファンドランド人とともに、質の悪い塩タラは西インド諸島のカリブ海沿岸地域に渡り、アフリカ人奴隷の食事に使われ、「西インド処理」と呼ばれるようになった［西インド諸島は南北アメリカのあいだにある群島。コロンブスが発見上陸したときインドだと思い込んでいたため、「西方のインド」からその名がついた。インドとは関係がない」。とくにノヴァスコシアはこの標準品質以下の塩タラを専門に製造した。

干しタラを製造していた国も、安価な塩を使って塩タラを作れるようになった。ついに、アイスランドでも乾燥に加えて塩漬けがおこなわれるようになり、1624年、塩タラの輸出を開始し、1830年代には干しタラの輸出量を上回った。17世紀後半、ノルウェーも塩タラの製造を開始した。18世紀なかばになると、ノルウェーでクリップフィッシュと呼ばれた塩タラは同国の重要品となり、1800年には輸出品の約4分の1を占めていた。

干しタラは干物のなかでもよく知られた製品のひとつだ——乾燥は最古の保存法で、魚にかぎらずどんな食品でも手軽にできるため、世界中でおこなわれている。干しタラはいったん乾燥させて適切に保管すれば、少なくとも2年は持つ。栄養素は保たれ、輸送も非常に簡単で、日常の食品としても探検の備蓄食料としても完璧だ。「干しタラ」（英語で「stockfish（ストックフィッシュ）」）の由来はノルウェー語で干し魚を意味する「stokkfisk（ストックフィスク）」または「tørrfisk（トーフィスク）」だ。『オックスフォード：食の大辞典 *The Oxford Companion to Food*』には「stick-like fish（棒状の魚）」とも記されている。かなり硬いので、やわらかくするために棒で叩き、食べられるよう水に浸すことを考えればうなず

塩漬けして干したクリップフィスク。ノルウェーのクリスティアンスン市。1925年。アンダース・ビア・ウィルス撮影。ノルウェー人は、塩漬け、乾燥などタラの保存法を多く編み出した。

けるだろう。また、干しタラを作るとき、はらわたを取って頭を落としたタラを2匹、尾と尾を結んで木製の棒に吊るすため、「stick（スティック、棒）」（オランダ語の「stok（乾燥させる）」が由来）と呼ぶとする説もある。

乾燥させるだけでも十分な水抜きが可能だ。水分を85パーセントまで落とせば、水分中のタラを腐らせる成分、酵素と微生物を不活化することができる。食品を腐敗から守る処理の良し悪しは、いかに速く乾燥させるかにかかっている。タラが乾燥に最適な魚である理由は、サイズのわりに表面積が大きく、つまり、水分の蒸発が速いからだ。アイスランド、フェロー諸島、ノルウェーでは、空気が乾燥していて風も多いため、乾燥を加速してくれる。乾燥はニシンやサケなどの脂の多い魚だとうまくいかない。高度不飽和油が酸素に触れると悪臭が出るからだ。干しタラは発酵させて保存処理をする。チーズやパルマハムと同じようなプロセスで、低温に適応したバクテリアにタラを熟成させるのだ。アイスランド人はいまも干しタラを作り続け、乾燥させた頭はナイジェリアに送っている。

北極圏ノルウェーのロフォーテン諸島で作られる干しタラは他に類を見ない。この地域は最適な条件がいくつもそろっているからだ——湿気や雨が少なく、風がよく吹き、長い冬は平均気温が0℃をわずかながら上回っている［北極圏だが暖流の影響で比較的温暖］。タラは屋外の木製のラックに尾を結んで吊るし、2月から5月まで約3か月かけて乾燥させる。この時期の天候は、タラにダメージを与える虫やバクテリアが少なく、霜や氷による影響もない。その後、タラは仕上げのため屋内の乾燥場に移し、12か月近く保管する。乾燥させた干しタラは、におい、質、サイズ、厚さなどによって20以上のグレードに分けられる。最上と2番目のグレードがもっとも一般的だ。購入するときは、型崩れがなく、首元や腹部がきれいで、傷、結露、カビ、霜のついていないものを選ぼう。調理すると、「しっかりした歯ごたえがあって味はまろやかだ」という人もいれば、「生臭い」という人もいる。ほんとうに「タイセイヨウタラ」なのか、きちんと再確認すること。コダラ、スケトウダラ、シロイトダラ、アツカワダラなども干し魚として売られている。ローズいわく、タイセイヨウタラに勝る魚はいない！のだ。

特徴はさまざまだが、塩タラの消費量は干しタラのそれをはるかに超えた。現在、ほとんどの人が塩タラしか食べていない。塩タラはおもにノルウェー、アイスランド、フェロー諸島、カナダ、ロシアで生産されている。

ノルウェーは、油田や鉱物資源が発見されるまで、経済の要はシーフードの輸出だった。いまもシーフードは大きな役割を担っており、中国に次ぐ輸出国世界第2位を誇っている。そのほとんどを占めるのは天然のタラと養殖のサケだ。現在、ノルウェーは干しタラとさらに人気の高い塩タラ、双方とも世界最大の生産国だと豪語しており、うち90パーセントは北東北極圏のタラを使用している。

17世紀後半、塩が入手できるようになると、ノルウェー人はタラを塩漬けにしてクリップフィッシュ（塩タラ）を作り、海辺の平らな岩場に干して乾燥させた。現在は屋内で乾燥させており、塩漬けより塩水漬けを好んでいる。生タラに海塩を振り、10～20日間、塩水に浸ける。次に、屋内にある20～25℃に保たれた乾燥専用トンネルの中で平板に並べ、2～7日間かけて乾燥する。水分が40～50パーセントまで減ったら、0～5℃で冷蔵する。塩漬けと乾燥を組み合わせると、塩水の力が増し、酵素や微生物による影響を防ぐことができる。冷蔵庫で保存すれば、塩タラは最長18か月持つ。干しタラ同様、塩タラにもおもなグレードがふたつあり――最上と2番目――それからサイズ別に分けられる。どれも料理に使うさいは塩抜きしなければならない。

天然資源の乏しいもうひとつの国、アイスランドも経済の軸としてタラに頼っている。アイスランドのノーベル賞作家ハルドル・ラクスネスは、小説『私生児サルカ・ヴァルカ *Salka Valka*』で、アイスランドでは「人生で大切なものはまずなによりも塩タラだ。夢や想像ではない」と綴っている。長年、タラは大事にされてきた。当初から14世紀に輸出が開始されるまで、干しタラは同国の重要な食料だった。ビジネス・アイスランドのシーフード部長、ジョーヴィン・ソー・ジョーヴィンソンは、タラが主要輸出品となっている国についてこう語っている――「タラは金（かね）であり、コダラは食材である」（タラよりコダラを好む人のほうがはるかに多いが、消費量が多いのはタラなのだ）。現在もアイスランドは世界有数のタラ漁場を仕切っており、生タラの市場はどこよりも重要な存在となっている。世界の需要が高まるなか、生タラはタラ輸出額の40パーセントを占め、いまも成長し続けている。さらに、

このように、アイスランド人は何世紀にもわたり、タラを屋外の風にあてて乾燥させてきた。1898年以前に撮られた写真。アイスランド南西部カークジャサンダ。シグフース・エイムンドソン撮影。

輸出額の残りおよそ30パーセントが冷凍タラ、15パーセント前後が塩タラ、7パーセントが干しタラだ。干しタラの市場は1990年から急激に縮小している。

現在、より新鮮で傷のない冷凍タラを消費者に販売しようと業界が動いている。もしタラの量が少なければ、さらに質のいいタラを届けなければならない。だが、それには労苦が伴う。漁師はタラを釣り上げるとき、傷つけないよう細心の注意を払わなければならない。また、すばやく血抜きをして冷やせばタラの質は格段に向上する。カナダ人が考案したタラポット(仕掛け網)も傷をつけずにきれいなタラを釣る漁具だ。いったん捕獲したら、タラは迅速に血抜きをして冷蔵する。

質のいいタラを求めて、手釣りや延縄（はえなわ）もふたたび姿を見せはじめている。タラ好きにとってはいいニュースだ。というのも、2004年に『マギー　キッチンサイエンス――食材から食卓まで』〔香西みどり監訳／共立出版／2008年〕を出した食品研究作家ハロルド・マギーが、氷で保存したタラは約5日間、その新鮮さを保つと述べているからだ。ノルウェーもアイスランドも格調高きタラを有し、その大切なタラを守るために厳格な持続可能性の基準を設けている。どちらも特筆すべき点だ。

◉塩タラと干しタラの調理法

保存処理されたタラを買ったら、さあ、次はどうする？　干しタラも塩タラも料理に使う前には水に浸けなければならない。干しタラは単純に水で戻せばいいが、塩タラは塩抜きも必要だ。魚売り場によっては、干しタラや塩タラを下ごしらえして販売しているところもある。どのみち、できる範囲で最高品質のタラを探そう。塩タラは身が真っ白で（黄色や赤っぽいものは避ける）、中央の厚さが5センチ以上あるものを選ぶこと。通常は粗塩を振り、木箱に並べられている〔英米でもスーパーマーケットではパック詰めか氷を敷いたショーケースで販売されている〕。

干しタラを戻すには、きれいな冷水に浸して冷蔵庫で保管し、毎日水を取り替える。浸しているあいだに皮を取ってもいい。かかる日数は、切り身で2〜4日、1尾で7日だ。戻すと、重さは干しタラの倍になる。

塩タラの塩抜きについては諸説ある。水に浸ける期間や水を取り替える頻度は塩分の残量を左右する。たいていパッケージにやりかたが書いてあるが、ダヴィド・レイテのウェブサイト、「レイテの料理（Leite's Culinaria）」からひとつ紹介しよう。

塩タラを水に浸けるときは、まず水道の蛇口の下に置き、水を流しながら外側の塩をきれいに落とす。タラを大きめのボウルか四角い容器に入れ、冷水を5センチかぶるように注ぐ。器をラップでぴたりと密封し、1日3〜4回水を取り替えながら、冷蔵庫で24〜48時間寝かせる（450グラムの塩タラなら、水は1・5リットル程度）。ボウルの水をこぼしてからタラをそっと取り出し、余分な水分をキッチンペーパーで拭き取る。

味見をして、塩気を確認しながら進めよう、とレイテは助言している。塩抜きは加減の難しい作業なので、塩が残りすぎないよう注意する。どちらかといえば、塩を抜きすぎたほうがいい。いったん下処理を終えたらもう塩は抜けないが、あとから足すことはできる。身がふっくらしたら調理を始めよう。もし丸ごと1尾だったら、まずは皮と骨を取り除く。まだタラは生なので、冷蔵庫に入れるか、すぐに調理しないと傷んでしまう。

ポルトガル系アメリカ人のフードライターでジェームズ・ビアード財団賞［アメリカの料理界に貢献したシェフ、レストラン、作家などを表彰する年次賞。料理界のアカデミー賞とも言われる］を受賞したレイテは次のように請け合う。「息を呑むほどの感動を与えられるのは、料理人がとにかく分厚くて身のしまった塩タラを調理したときである」。レイテは「複雑で、興味をそそられ、甘いともいえる風味、そして無比の食感を持つ」塩タラのファンだ。彼のおすすめはノルウェーで加工されたタラで、ギリシア、イタリア、ポルトガル、スペイン、ラテンアメリカの市場でもこれを買うようアドバイスしている。

ノルウェーのタラ、クリップフィッシュが好きなのはレイテだけではない。多くのシェフが愛している。なぜなら、評判どおり秀逸な味わい、汎用性、フレーク状の身を有し、ノルウェーのシーフード市場協会、ノルウェー水産物審議会（ＮＳＣ）によると、もちろんひいき目もあるが、「見事な青白い身でむらがない」のだ。

ジャン・アンテルム・ブリア・サヴァランは、１８２５年にフランスで発売された初版『美味礼讃』［関根秀雄・戸部松実訳／岩波書店／１９６７年］でこう書いている。「魚肉は獣肉に比べれば栄養は少ないが、植物よりは栄養があり、ほとんどすべての体質に適し、病後の人にさえ食べさせられる。いわば中庸をえたもの（mezzo termine）である」。魚が完璧な食材ではないと考えたのは、ブリア・サヴァランだけではない。

しかし、現在、屁理屈をいう人はいない。タラはおいしいし、誰にとっても体に優しいのだ。タラなどのシーフードは淡水魚よりも風味がよく、大海の環境のおかげで肉よりいいと主張する人さえいる。また、タラは海水の濃い塩分を体内の豊富なアミノ酸によって中和している「海水の塩分濃度は3・5パーセントでタラの体液（0・9パーセント）より高いため、そのままでは塩分が細胞内に侵入して生体機能が破壊されるが、海水魚はエサから摂取したアミノ酸を利用して体外に排出している」。栄養素のスーパースター、タラはタンパク質源として世界ベスト20に入る。防腐剤無添加の干しタラ1キロには生タラ5キロと同等のタンパク質が含まれるらしい――人間にとってなんという恵みだろう！　他の魚にこんな利点があるだろうか？　干しタラには栄養が詰め込まれ、生タラのミネラルやビタミンも保持している。オメガ3脂肪酸は脂肪分の多い一部の魚と比べれば少ないが、低脂肪のタンパク質、ビタミン（A、B、C、D、Eすべて）、マルチミネラルを含んでいるのだ。

生タラも塩タラも低脂肪でタンパク質が豊富だ。ノルウェー産の塩タラ100グラムにはタンパク質17グラム、少量のビタミン（A、B、C、Dなど）、ミネラル（とくにカリウム）、そして、わずかながら「良質の脂肪」――オメガ3脂肪酸と少量のオメガ6脂肪酸――が含まれている。人によっては、低脂肪で炭水化物が少ないこともありがたい。100グラムあたりわずか75キロカロリーしかないのだ。

タラにも影響している海洋汚染がふたつある――産業廃棄物の有害な水銀と、寄生虫タラワームだ。幸運にもタラに含まれる水銀は微量で、食材としてはもっとも安全な部類に入る。水銀はたいてい寿命の長い大型の捕食魚や濾過摂食する甲殻類にたまる。環境防衛基金シーフード部門によれば、ほかに有害な魚を摂取しなければ、1か月にタラ4人前を食べても安全らしい。最新の情報は地元の組織等から入手しよう。

タラは寄生虫の宿主になる。タラワームは線虫で、タラを加熱するか完全に凍結しないと人間に害を及ぼす。のどの違和感などの症状が出たり、胃や小腸に穴をあけて、痛み、吐き気、下痢を引き起こしたりすることもある。タラワームは塩漬け、冷燻製、寿司、軽くマリネしたタラから見つかることがある。しかし、タラの栄養価を落とすことはない。もしタラにタラワームを見つけたら魚屋や加工業者の不注意だ。通常はタラが消費者に届くまでの過程でタラワームを取り除く最善策が取られている。ただ、ごくたまに、除去しきれない場合もあるのだ。

マギーは、『マギー　キッチンサイエンス――食材から食卓まで』で、「寄生虫を不活性化するには、60℃以上で加熱調理、または冷凍する」ようすすめている。しかし、アメリカ食

1930年代のシガレット・カード。つねに魚屋が好んでタラを仕入れていたことがわかる。

品医薬品局（ＦＤＡ）は、タラの内部をもう少し高い温度、63℃まで上げるよう提唱している。これらの温度になった合図は、タラの繊細な身が透明からミルクのような白色を帯び、フレーク状に変わったときだ。加熱しながら、注意深くタラを見ていること。熱を入れすぎるとすぐぱさぱさになってしまう。家庭料理で使う場合は自宅で冷凍しないほうがいい。一般に、家庭の冷凍庫はマイナス18℃以下で凍らせることはできない。ＦＤＡは、マイナス35～23℃で15時間かけて凍結させるよう提言している。無理な場合は冷凍タラを購入しよう。

タラが有名になった理由はもうひとつある——肝臓だ。おそらくはヴァイキングの時代より前から、おいしくはないが栄養たっぷりの油がタラの肝臓から作られていた。この薄黄色の肝油を採る魚は、タラ科の数種、おもにタイセイヨウタラだ。何世紀にもわたり、強い魚臭さがあるにもかかわらず、タラの肝油はとくに骨軟化症（くる病）の治療や強壮剤として利用されてきた。ビタミンＡとＤ、オメガ3脂肪酸が豊富に含まれているからだ。干しタラ同様、昔のノルウェーで重要だった日用品の肝油は、皮革のなめし剤、灯油、ペンキ、石鹼、その他の開発品に使われていた。いまも利用されていて、さまざまな香りの商品がオンラインで購入できる。製造しているのは、アイスランド、日本、ノルウェー、ポーランドだ。

ノルウェー人は自国の生タラ、スクレイ（skrei）を世界一のタラとして売り込んでいる。ＮＳＣ（ノルウェー水産物審議会）によると、過去20年、白身魚の売り上げが伸び続けており、ノルウェーの生タラ販売も時流に乗っているという。バレンツ海から移動してくるこの回遊魚タラのノルウェー名「スクレイ」は「放浪する」という意味の古ノルド語（古北欧語）が由来だ。良質な商品として認定される「クオリティ・ラベルド・スクレイ」は生タラ全体のわずか13パーセントにすぎない。スクレイは旬のごちそうだ。水の清らかなノルウェー沿海で産卵期——2〜4月——にしか獲れない天然モノで、捕獲から12時間以内に加工処理される。NSCによれば、スクレイは「丸々と太っていてみずみずしく」、38℃に加熱すると最高の味を引き出せる［低温調理のため完全な殺菌はできないが、身がやわらかく仕上がる］。

生魚は他の食品よりもはるかに腐りやすい——鶏肉や牛肉と比べても、だ。肉に含まれる微生物や酵素は家庭の冷蔵庫に入れれば失活するが、冷水魚はそうはいかない。冷水魚に含まれる微生物や酵素は、海底付近の0℃から海水面の21℃くらいまで、かなり低温の水でも、そして冷え冷えとした冷蔵庫でも、快適に生きていける。タラのような冷水魚は不飽和脂肪酸が豊富に含まれており、そのため、より酸化しやすく、ひいては腐ってしまう。マギーおすすめの方法は、スーパーマーケットで生タラを買ったら、氷の入った袋に入れて持ち帰り、ビニール袋に移して密封し、蓋つきの容器に入れ、たっぷりの氷で覆う。それを冷蔵庫の奥で保管し、かならず早めに使うこと。

◉持続可能性を維持しながらタラを味わうために

タラ愛好家なら、まさに魚の王様で、味もよく、フレーク状の厚い身をいつまでも食べたいと願うだろう。そのためにも、消費者が、乱獲したタラや持続可能な漁法を取り入れていない漁場で獲ったタラを食べないことが肝要だ。現在、アイスランドや北東北極圏のタラ資源は非常に状態がよく、カナダのタラも一部で水揚げされている。こうした持続可能な漁法を継続させるには、私たちの協力が欠かせない。

世界にはシーフード監視プログラムが数多くあり、アメリカやカナダで獲れるタイセイヨウタラが購入に最適か、避けるべきか、簡単に検索できるアプリが開発されている。たとえば、カリフォルニア州にあるモントレーベイ水族館のアプリ、シーフード・ウォッチもそのひとつだ［魚種別、地域別で漁業の持続性を審査し、捕獲した魚を緑（ベストチョイス）、黄（グッドチョイス）、赤（回避）の3段階にランクづけしている］。シーフード・ウォッチには、イギリスの海洋保護協会のグッド・フィッシュ・ガイドなど、世界中のシーフード評定組織（seafood-rating organization）のリストも載っている。もちろん、Googleでseafood-rating organizationを検索すれば、近所で入手できるタイセイヨウタラの情報が入手できる［日本でも東京都のブルーシーフードガイドなど、同様の試みがおこなわれている］。

SCOTT'S EMULSION
OF
PURE COD LIVER OIL
WITH
HYPOPHOSPHITES of LIME and SODA

is a combination of Pure Norwegian Cod Liver Oil with Hypophosphites of Lime and Soda made into a beautiful creamy Emulsion.

It is almost as palatable as milk, having none of the disagreeable properties of the Crude Cod Liver Oil.

It is acceptable to the most delicate stomach, and more easily digested and assimilated by the system than the crude oil.

It is universally liked and prescribed by the medical profession.

For delicate, wasting children, it is invaluable as a food and medicine.

For CONSUMPTION AND SCROFULA, THROAT AFFECTIONS AND CHRONIC COUGHS, the Emulsion is peculiarly adapted, as it combines the strengthening, healing and flesh-producing qualities of the Cod Liver Oil, in addition to the tonic and life-giving properties of the Hypophosphites.

In fact, in all cases where there is EMACIATION or WASTING AWAY of the body, nothing will so quickly restore its feeble powers, and give flesh and strength, as *Scott's Emulsion.*

We will send a sample bottle free to any who would like to try it, entailing no expense but express charges. Please send express and post office address.

SCOTT & BOWNE,
NEW YORK.

For sale by all druggists and by

MORRIS'
PHARMACY,
BRISTOL, R. I.

19世紀後半、スコット・エマルジョンは、南北アメリカ、アジア、ヨーロッパで以前よりおいしいタラ肝油として販売された。

CERTIFIED
SUSTAINABLE
SEAFOOD
MSC
www.msc.org
TM

世界的組織MSC（海洋管理協議会）はタラをはじめ特定のシーフードが持続可能な商品であるかどうかを判断している。魚のイラストが描いてあるこの青と白のエコラベルを探そう。

スーパーマーケットによっては、持続可能な漁業で獲れた魚に青と白の目立つシール「海のエコラベル」が貼ってあるのでわかりやすい。いまやエコラベルは200か国を超える3万点以上の商品やメニューについている〔日本では認知度が低いが2022年には1000品目を超えた〕。この消費者に対する取り組みをおこなっているのは独立非営利団体、海洋管理協議会（MSC）で、大企業から個人経営まで、世界中の持続可能な漁業を評価し、保証している。MSCは独立した認証機関を設け、その魚資源が健やかに暮らし、生息数が減少していないか、また、健全な生態系を維持するための指標、環境フットプリント〔製品や企業が環境に与えている負荷の評価〕を漁業活動が汚していないか、そして、適切に管理されているかを判断している。消費者のために、MSCはウェブページ「漁場追跡 Track a Fishery」で各タラ漁場の状態をチェックできるようにしている。夕飯の買い物にいく前に確認しよう。

魚の養殖はどんどんあたりまえになってきている。では、タイセイヨウタラはどこで養殖されているのだろうか？　アイスランドはあきらめた。ノルウェーでは多くのタラが逃げ出したり、成長が遅れたりして失敗を繰り返した結果、規模を拡大して再開している。ノルウェーは数十億ドルに及ぶサケ産業のおかげで試行錯誤する余裕があるようだ。しかし、たとえばサケの養殖は天然のサケ資源に害を及ぼす可能性がある。それに、新鮮な天然のタラよりいいものなど想像できない。

最近、食材を倫理的に扱うことへの関心が高まっているため、タラが痛みを感じるかどうかについてここで少し触れておく。いくつかの研究によると、タラに痛みを感じるはずの刺激を与えると、事実、反応して動きが変化する。そのため、多くの生物学者が次々と魚は痛みやストレスを感じると信じるようになってきた。魚には痛みを感知する大脳皮質がないのにもかかわらず、だ。

魚の身は人道的に処理したほうが状態がいいという証拠もある。費用は高くつくものの、電気ショックで即死させるような人道的方法は、少なくとも1社、シアトルを拠点に太平洋のマダラを扱うシーフード会社が採用している。魚の福祉については養殖の問題が大きくなっているが、いっぽうでさまざまな対策が講じられ、漁業のありかたが変わってきている現状にも注目してほしい——天然魚の扱いかたに革命が起こるかもしれないのだ。もし、私たち消費者が放し飼いのニワトリが産んだ卵に高い代金を払えるなら、愛しいタイセイヨウタラにも払えるだろう。
消費者にとって、持続可能な方法でタラを消費するとはどういうことなのか？　むろん、食べる量を減らせば済む問題ではない。食事用に購入するタラの出所を確認しなさい、ということだ。乱獲は、タラにどれほどの復活力があったとしても、想像を絶するダメージを与えてきた。したがって、今後、私たちはきちんと管理された持続可能なグループのタラを選んで消費し、絶滅の危機に瀕しているグループのタラは避けなければならない。専門家の協力をあおぎ、厳格な規制をかけ、産卵魚の集団や稚魚を特別に保護し、こうした方針を支持する漁業組合や漁師と手を組んでいる国――そんな国こそ、私たちの支援や活動の対象としてふさわしい。そして、いまあなたがニューヨークの生タラ、リスボン（ポルトガル）のバカリャウ、オスロ（ノルウェー）のクリップフィッシュ、ラゴス（ナイジェリア）の干しタラなど、どれを購入していようと、魚のなかの魚、タラを守れるかどうかは、消費者のあなたにかかっているのだ。

タラは人間の食材であり続けるだろうか？　５００万年以上の歴史を持ち、北大西洋原産で適応能力の高いタラは、タラ科の王様となり、沿岸の入り江から沖合の豊かな堆（バンク）まで、さまざまな地域で元気に生息していた。いっとき激減したタラも一部は着実に復活しつつあり、かたや、一部はいまも減少している。しかし、まだ全種のタラが復活し、海洋生物のなかできわめて多くのタンパク質を含む魚であり続け、世界中のタラ愛好家のもとに届けられる可能性は消えてはいない。卓越したタラ研究家、かつ、タラファンのジョージ・A・ローズは次のように書いている。「北方のタラは復活しつつある……昔は豊富に獲れた魚がたとえ激減しても再起は可能なのだ。（我々がそのために動けば）」。ゆえに、タラと持続可能な漁業がこれから何世紀にもわたって存続できるよう、私たちにできることをしよう。ポルトガルの探検家のように、タラを「フィエル・アミーゴ（忠実な友）」として扱い、持続可能なタラを購入して味わっていこう。

謝辞

本書の企画を立ててくれたのはエリザベス・ゴースロップ・ライリーでしたが、取りかかることができずに亡くなりました。ベスは私がボストンでジャーナリズムの仕事を始めるさい、力になってくれた優しい親友であり、同僚でした。彼女は「食べ物が人と人を結びつける」と述べていて、まさに、私たちふたりをつないでくれたのも食べ物でした。この企画を支援し、ベスが持っていた食品に関する資料を貸してくれた彼女の息子さんたちにも感謝申し上げます。

その他、多くのかたがたからの惜しみない助力がなかったら、このような本を仕上げることはできませんでした。まず誰よりも、ブリティッシュコロンビア大学海洋生物学教授兼フィッシャリーズ・リサーチ誌編集長のジョージ・A・ローズ博士に感謝申し上げます。彼は細心の注意を払い、さらに、ユーモアと好奇心を持って、科学的な誤りがないか、関連する章の内容をチェックしてくださいました。また、トロムソ大学歴史考古学教授レイダー・バートルセン博士は、ノルウェーの漁業と農業の経済にまつわる研究データを提供してくださいました。そして、ワシントン大学水産学科准教授トレヴァー・ブランチ博士は、私にローズ博士を紹介し、おすすめの資料も教えてくださいました。

料理研究家の仲間たちにも身に余る御厚意をいただきました。ジェシカ・B・ハリス博士からはアキーと塩タラのレシピを。ジャネット・P・ボワローからはポルトガル系ユーラシア人の料理史に関する論文を。コリーン・タイラー・センからはインドに住むゴア人の塩タラ料理の情報を。ウィリアムズ大学のロシア文化名誉教授、ダラ・ゴールドスタインからはロシア料理に関する貴重な情報を。サンディ・オリヴァーからは、代表作、ニューイングランドのシーフードをまとめた作品に載せた、メイン料理として出すタラの頭についてわかりやすい説明を。ダヴィド・レイテからはポルトガルの塩タラに関する詳細な知識、レシピ、写真を。ジャスパー・ホワイトからはおいしいチャウダーのレシピを。そして、私にロブスターと今回のタラについて本を出すよう最初にすすめてくれたアンディ・スミスからは、本書執筆中ずっと頼りがいのある支援を賜りました。

コンコード・フリー公共図書館、ボストン公共図書館、シュレシンガー図書館の類まれなる図書館員のかたがたにも、感謝の気持ちは伝えきれません。

以下のかたがたにも感謝申し上げます。ビジネス・アイスランドのジョーヴィン・ソー・

ジョーヴィンソン、ノルウェー水産物審議会のアネッテ・グロットランド・ジモフスキとカリ・アン・ヨハンセンは忍耐強く私の質問に答え、素晴らしい写真やレシピを提供してくださいました。カナダ漁業・林業・農業省ニューファンドランド・ラブラドル支部、ジェニファー・ウォルシュからはいくつものレシピを、ボストンの卸売業者ウルフズ・フィッシュのアリーシャ・ルメアからは貴重な写真を提供していただきました。最後になりましたが、ノルウェーの複数の博物館のかたがたに御協力を賜り、とりわけ、ノルウェー漁業博物館館長ビョン・ジャプヴァグは、信じがたいほど歴史を刻んだ、ノルウェーの貴重な写真を何枚も提供してくださいました。

　その他、いろいろな形で私にとって言葉にできぬほど大切な存在となったかたがたにも感謝いたします――翻訳家のグレイス・バトラー、ノラ・サイラ、ニューン・ハコバイアン、ローリー・ヴァン・ルーン。また、リサ・タウンセンド、スザンヌ・ロウ、アン・フォーティエ、キャサリン・エスティ、スクァミーズ、フラン・グリズビー、ジェーン・フィッシャー、アン・ウィラード、C・C・キング、クレア・ムーン、サージス・カラペティアン、ナラヤン・ヘレン・リーベンソン、ケアリン・ロバージ、メアリ・ジョー・アレクサンダー、ジョージ・クレイヴンス、カレン・カールソン、ジェフ・ロビショウ、ティティラヨ・アラビ。そして、最後にして最大の謝意を、マサチューセッツ州コンコードに住む我が作家仲間たちに捧げます。

　夫ジェフ・グリーンの愛、堅実なサポート、優れた才気がつねに私を鼓舞してくれました。同じように、毎日、私に元気をくれた相棒、16歳の愛犬であるビション・フリーゼ種のレニーにも、ありがとう。

訳者あとがき

本書『タラの歴史 *Cod: A Global History*』はイギリスのReaktion Booksが刊行しているThe Edible Series（食品シリーズ）の1冊だ。このシリーズは、２０１０年、料理とワインに関する良書を選定するアンドレ・シモン賞の特別賞を受賞し、人気を博している。

著者エリザベス・タウンセンドは、20年以上にわたって食品をテーマに執筆活動を続けており、邦訳も前述のシリーズから『ロブスターの歴史』が出版されている。さまざまな食材を調査してきた著者がその経験を活かし、今回はタラをどう調理してくるのか期待に胸が膨らんだ。５００万年もまえに誕生して人類の進路を方向付けたタラ。世界各地で食されてきたタラ。そして、絶滅の危機に瀕しているタラ。本書ではそんなタラの物語を存分に味わい、知見を広げられるはずだ。

タラは私も大好きな魚でよく口にする。本書の主人公であるタラはタイセイヨウタラ（大西洋鱈）で、日本でよく食べられているマダラ（真鱈）やスケトウダラ（介党鱈）とは種が違う。といっても同じタラ科。味や食感はさほど違わないだろう。幅広いタラ料理のなかで日本人がまず思い浮かべるのは、寒い冬に心身とも温まる鍋だろうか。

タラの本です、と翻訳の御依頼をいただいたとき、まっさきに思い出したのは、数十年前、ロンドンに短期ステイしていたときのことだった。お世話になった御夫妻にタラのホイル焼きを作ってあげたらとても喜んでくれたのだ。ロンドンでも材料はすぐ手に入った。夫人と一緒にスーパーで切り身のタラなどを仕入れたあと、近所の食料雑貨店に寄ってショウガを買った。彼女がいきなりショウガをポキッと折って「足りる？」といいながら、天井から吊るされたカゴ型の計りに入れたことをいまでもよく覚えている（計り売りの習慣にびっくりした）。ホイル焼きの感想は、「お腹が心地いい」。食べ慣れたクリームソースのシチューとはまた違う和食のタラを堪能してくれたようだ。

日本近海で獲れるマダラとスケトウダラでは、よりうま味があるとされるマダラが切り身として売られ、スケトウダラは竹輪や蒲鉾の原料として使われることが多い。市販のタラコや明太子はスケトウダラの卵巣。珍味の白子はマダラの精巣だ。また、日本でもタラは江戸時代以前から保存食として利用されてきた。棒状に整えたタラを干した棒タラを使った郷土料理が各地にある。こうして改めて考えてみると、日本人もタラと長い歴史を歩んできたことがわかる。

本書にもあるとおり、タラの成魚は口が大きく何でも食べる大食漢だ。「たらふく食べる」の「たら」はこの「タラ」らしい。また、タラは漢字で「鱈」と書く。由来は「雪が降るころ旬を迎えるから」、「腹が雪のように白いから」など諸説ある。日本人に馴染み深い魚だからこそ、あちこちで話題になるのだろう。ちなみに、世界中の海に生息するタラには複数の種が存在し、分類も明確ではなく、地域によって名称が異なる場合もある。おまけに、タラではない魚にも「〇〇タラ」という名が付いていたりする。タラにかぎらず本書に出てくる魚類名には一般的な和名や訳語を充ててあるので、細かな情報は事典などにあたっていただきたい。

世界中で愛されているタラが、一部では復活の兆しがあるとはいえ、絶滅の危機に瀕しているとは知らなかった。数百万年をかけて進化してきた生物が、いまこの時代に消え去ってしまうかもしれない――重たい気分になった。絶滅を阻止するのは、現在この地球で暮らし、タラを口にしている私たちひとりひとりの責務ではないだろうか。タラ、ひいては魚類の減少を引き起こしたのは乱獲だけではない。そう、これも人間が原因の温暖化だ。いまやその影響はいたるところで見受けられ、日常生活でも実感できるレベルになってきている。本書が環境問題を考えるきっかけにもなってくれたら嬉しい。先日、本書でも紹介されているエコラベルを食料品のチラシで見つけた。いままでも載っていたはずなのに気づかなかったメッセージ。こうした持続可能（サステナブル）な商品を選んで購入するだけでも小さな力になるはずだ。

今回も翻訳していて感じ入ったことがある。訳出の際に何冊もの参考資料を読んだ。そして、たくさんの情報に触れ、多くを知った。本のすばらしさを痛感した。数ある作品のなかで本書を手に取ってくださった読者のかたがたに、タラの歴史や実情のみならず、なにか少しでも心に残ってくれたら、と願わずにはいられない。

最後になりましたが、今回も拙訳をすみずみまでチェックし御教示くださった原書房の善元温子様、いつも私の不足部分を補い、やる気を授けてくださるオフィス・スズキの鈴木由紀子様に深く感謝申し上げます。本書の出版に際し、携わってくださったかた、エネルギーをくださったかた、どうもありがとうございました。

2023年1月

内田智穂子

Creative Commons Attribution-Share- Alike 2.0 Generic License. Silje L. Bakke, th copyright holder of the image on p. 39, has published it online under condition imposed by a Creative Commons Attribution-ShareAlike 2.5 Generic License. Aotearoa the copyright holder of the image on p. 16; Hans-Petter Fjeld, the copyright holder o the image on p. 8; and Pinpin, the copyright holder of the image on p. 43, hav published them online under conditions imposed by a Creative Commons Attribution ShareAlike 3.0 Unported License. Benjizze, the copyright holder of the image on p. 84 Liberma, the copyright holder of the image on p. 76; Phillip Meintzer, the copyrigh holder of the image on p. 63; Chinenye Nwosu, the copyright holder of the image on p 11; and Wolfmann, the copyright holder of the image on p. 111, have published then online under conditions imposed by a Creative Commons Attribution-ShareAlike 4.(International License. Readers are free to: share — copy and redistribute the material ir any medium or format; adapt — remix, transform, and build upon the material for any purpose, even commercially. Under the following terms: attribution — You must give appropriate credit, provide a link to the license, and indicate if changes were made. You may do so in any reasonable manner, but not in any way that suggests the licenso endorses you or your use; share alike — If you remix, transform, or build upon the material, you must distribute your contributions under the same license as the original.

写真ならびに図版への謝辞

著者と出版社より、図版を提供し掲載を許可してくれた関係者に御礼申し上げる。図版の一部には収蔵場所も併記しておく。

Albertina Museum, Vienna: p. 29; Bonnefantenmuseum, Maastricht (on loan from Rijksdienst voor het Cultureel Erfgoed, Amersfoort): p. 22; photo Peter Bösken/Pixabay: p. 37; Boston Public Library: p. 54; courtesy Business Iceland: pp. 29, 44, 45, 58 (photo Antonio Saba), 99, 121, 127 (photo Pepe Brix), 129, 139 (photo Pepe Brix), 141, 149; photo Daderot: p. 53; courtesy Gulf of Maine Research Institute, Portland, ME: p. 24; James Ford Bell Library, University of Minnesota, Minneapolis: p. 79; courtesy David Leite and Leite's Culinaria, https://leitesculinaria.com: pp. 89, 92; Library Company of Philadelphia, PA: p. 75; Library of Congress, Prints and Photographs Division, Washington, DC: p. 74; courtesy Alisha Lumea/ Wulf 's Fish: pp. 104, 115; courtesy Marine Stewardship Council (MSC): p. 160; NASA/Goddard Space Flight Center (GSFC)/ Langley Research Center (LARC)/JPL, MISR Team: p. 26; Nasjonalbiblioteket, Oslo: pp. 42, 142; courtesy National Museum of Iceland, Reykjavík: p. 14; The New York Public Library: p. 18; NOAA Photo Library (crew and officers of NOAA Ship Miller Freeman): p. 120; Norsk Folkemuseum, Oslo: pp. 12, 20, 47, 123; Norsk Teknisk Museum, Oslo: p. 145; © Norwegian Seafood Council: pp. 41 (photo Johan Wildhagen), 59, 106 (photo James Eric Hensley/Studio Dreyer-Hensley), 110 (photo Gudrun Hoffmann and Ulla Westbø (H2W)), 112 (top; photo Fabian Bjørnstjerna); PhotoVisions/Shutterstock.com: p. 6; private collection: pp. 48, 72, 77; South Street Seaport Museum, New York: p. 159; from Lindsay G. Thompson, History of the Fisheries of New South Wales (Sydney, 1893), photo State Library of Pennsylvania, Harrisburg: p. 60; photo Elisabeth Townsend: p. 131; Christian Benseler, the copyright holder of the image on p. 96, and David (dbking), the copyright holder of the image on p. 125, have published them online under conditions imposed by a Creative Commons Attribution 2.0 Generic License. mangocyborg, the copyright holder of the image on p. 103, has published it online under conditions imposed by a Creative Commons Attribution- NoDerivs 2.0 Generic License. pilllpat (agence eureka), the copyright holder of the image on p. 155, has published it online under conditions imposed by a

Hilborn, Ray, with Ulrike Hilborn, *Overfishing: What Everyone Needs to Know* (Oxford 2012)『乱獲　漁業資源の今とこれから』［市野川桃子・岡村寛訳／東海大学出版部／2015年］

Jensen, Albert C., *The Cod* (New York, 1972)

Kurlansky, Mark, *Cod: A Biography of the Fish that Changed the World* (New York, 1997)『鱈　世界を変えた魚の歴史』［池央耿訳／飛鳥新社／1999年］

—, *Salt: A World History* (New York, 2002)

McGee, Harold, *On Food and Cooking*, 2nd edn (New York and London, 2004)『マギーキッチンサイエンス　食材から食卓まで』［香西みどり監訳／共立出版／2008年］

Molokhovets, *Elena Ivanovna, A Gift to Young Housewives* (St Petersburg, 1861)

Oliver, Sandra L., *Saltwater Foodways: New Englanders and Their Food, at Sea and Ashore, in the Nineteenth Century* (Mystic, CT, 1995)

Pye, Michael, *The Edge of the World: A Cultural History of the North Sea and the Transformation of Europe* (New York, 2014)

Riely, Elizabeth, *The Chef's Companion* (Hoboken, NJ, 2003)

Rose, George A., ed., *Atlantic Cod: A Bio-Ecology* (Hoboken, NJ, 2019)

—, *Cod: The Ecological History of the North Atlantic Fisheries* (St John's, NL, 2007)

Simmons, Amelia, *American Cookery* (Albany, NY, 1796)

Smith, Andrew F., ed., *The Oxford Companion to American Food and Drink* (New York, 2007)

—, *The Oxford Encyclopedia of Food and Drink in America* (Oxford, 2004)

Stavely, Keith, and Fitzgerald, Kathleen, *America's Founding Food* (Chapel Hill, NC, and London, 2004)

—, *Northern Hospitality: Cooking by the Book in New England* (Amherst and Boston, MA, 2011)

Vaughan, Alden T., ed., *New England's Prospect* (Amherst, MA, 1977)

White, Jasper, *50 Chowders: One-Pot Meals – Clam, Corn & Beyond* (New York, 2000)

Wilson, C. Anne, *Food and Drink in Britain: From the Stone Age to Recent Times* (London, 1973)

参考文献

Attenborough, David, *A Life on Our Planet* (New York, 2020)

Bertelsen, Reidar, 'A North-East Atlantic Perspective', *Acta Archaeologica*, 61 (1991), pp. 22–8

—, 'Gruel, Ale, Bread, and Fish: Changes in the Material Culture Related to Food Production in the North Atlantic 800–1300 ad', Publications from the National Museum, *Studies in Archaeology and History*, xxvi (2018), pp. 107–18

Boileau, Janet P., 'A Culinary History of the Portuguese Eurasians: The Origins of Luso-Asian Cuisine in the Sixteenth and Seventeenth Centuries', PhD dissertation, University of Adelaide, 2010

Bolster, W. Jeffrey, *The Mortal Sea: Fishing the Atlantic in the Age of the Sail* (Cambridge, MA, 2012)

Child, Lydia Maria, *The American Frugal Housewife* (Boston, MA, 1832)

Collette, Bruce B., and Grace Klein-MacPhee, *Bigelow and Schroeder's Fishes of the Gulf of Maine* (Washington, DC, 2002)

Collingham, Lizzie, *The Taste of Empire: How Britain's Quest for Food Shaped the Modern World* (New York, 2017)『変貌する大地　インディアンと植民者の環境史』［佐野敏行・藤田真理子訳／勁草書房／1995年］

Cronon, William, *Changes in the Land: Indians, Colonists, and the Ecology of New England* (New York, 1983)

Davidson, Alan, *North Atlantic Seafood* (Berkeley, CA, 2003)

—, *The Oxford Companion to Food* (New York, 2014)

Fagan, Brian, *Fish on Friday: Feasting, Fasting, and the Discovery of the New World* (New York, 2006)

Glasse, Hannah, *The Art of Cookery Made Plain and Easy* (London, 1747)

Goldstein, Darra, *Beyond the North Wind: Russia in Recipes and Lore* (Berkeley, CA, 2020)

—, *Fire and Ice: Classical Nordic Cooking* (Berkeley, CA, 2015)

Greenberg, Paul, *Four Fish: The Future of the Last Wild Food* (New York, 2010)『鮭鱸鱈鮪　食べる魚の未来　最後に残った天然食料資源と養殖漁業への提言』［夏野徹也 訳／地人書館／2013年］

Grigson, Jane, *Jane Grigson's Fish Book* (London, 1973)

ｰシピ集

統のタラ料理

パステ・ノロワ（ノルウェー・パイ）

作者不詳『パリの家政 *Le Ménagier de Paris*』393年）

パステ・ノロワはタラの肝臓と、ときには細かく刻だ身も入れて作る。

. まず、材料をさっと湯通しして細かく刻む。
. 3ペンス硬貨くらい［2cm強］のパイ生地に詰め、きめの細かい小麦粉を振って油で揚げる。
. もし料理人から加熱していないものが手に入った場合は家で揚げる。ぜひ、魚の日に。

………………………………………………

タラのお頭焼き

ハナー・グラス著『素朴で簡単な料理の芸術 *he Art of Cookery Made Plain and Easy*』（1747 ）

. オーヴン可のフライパンにバターを塗り、きれいに洗ったタラの頭を入れる。
. 香草1束、クローブを刺したタマネギ、メースのブレード（種の外皮）3～4枚、ブラックペッパーとホワイトペッパーをスプーン山盛り½、すりつぶしたナツメグ、水1リットル、レモンピール少々、ホースラディッシュ少々を加える。
3. タラの頭に小麦粉をまぶし、ナツメグを少々かけ、バターの小片をいくつか乗せ、こんがり焼いたパン粉を全体に振りかける。
4. オーヴンに入れ、焼き上がったら取り出して皿に盛りつける。
5. 皿は熱湯を入れた容器の上に置き、覆いをして冷めないようにしておく。
6. フライパンに残った魚汁をすばやく鍋に移し、火にかけ、3～4分煮詰める。
7. 煮詰めた汁を濾し、赤ワイン100*ml*強、ケチャップをスプーン山盛り2杯、エビをパイントカップ（約500*ml*）1杯、牡蠣または貝柱をパイントカップ½杯入れて混ぜる。
8. アクを取り除いてから、マッシュルームのピクルスをスプーン山盛り1杯、小麦粉と合わせてこねたバター110*g*を入れる。
9. すべて混ぜ合わせたら、もったりするまで煮て、タラの周囲に注ぎ入れる。
10. 三角に切って揚げたパンを用意しておき、タラの頭と口に刺し、残りは周囲に添える。
11. 刻んだレモン、おろしたホースラディッシュ、あぶったパリパリのパセ

リで飾りつける。
12. レモンのスライスをタラの頭の上に１枚乗せ、熱いうちに出す。

◉タラの浮き袋のあぶり・グレイヴィーソース

ハナー・グラス著『素朴で簡単な料理の芸術 *The Art of Cookery Made Plain and Easy*』（1747年）

1. 浮き袋を熱湯で湯通しし、塩でよくこする。
2. 浮き袋をゆで、黒く汚れた皮を取り除く。
3. 冷水を張った鍋に入れ、やわらかくなるまでぐつぐつ煮込む。
4. 取り出したら小麦粉を振り、焼き網で焼く。
5. そのあいだに、浮き袋のだしが出た煮汁に、マスタード少々、小麦粉と合わせたバターを加えて温め、コショウと塩で味つけする。
6. 浮き袋を皿に盛りつけ、５のグレイヴィーソースをかける。

◉焼きタラ・オランダ風

ハナー・グラス著『素朴で簡単な料理の芸術 *The Art of Cookery Made Plain and Easy*』（1747年）

1. 鍋に湧き水４リットル、塩500gを入れて30分煮詰めたら上澄みをきれいに取り除く。
2. タラをスライスして１に入れ、2煮てしっかり火を通す。
3. タラをざるに取り、水気を切る。
4. 小麦粉を振って焼き、好みのソーを作ってかける。

◉フィッシュ・パイ

マリア・イライザ・ケテルビー・ランデル著『庭料理の新スタイル *A New System of Domes Cookery*』（1807年）

1. タラまたはコダラに塩を振って身締め、スライスして塩、コショウをる。
2. 牡蠣といっしょに耐熱皿に並べる。
3. オイスターエキス、だし汁少々、量の小麦粉とバターを混ぜて煮詰め冷ましてからタラにかける。
4. パイ生地で覆い、オーヴンで焼いら、温めたクリームソースをかける。
5. お好みで、牡蠣のかわりにパセリ添えてもいい。

◉チャウダー

ミセス・リディア・マリア・チャイルド著『アメリの節約主婦 *The American Frugal Housewife*（1832年）

1. 約1.8kgのタラを用意する。たっり４～５人分のチャウダーができる。
2. 塩漬けブタのスライスを６枚、鍋の

底に敷き、焦げないよう遠火にして、こんがりと焼いたら取り出す。

. その鍋に、縦長にスライスしたタラを重ねて並べ、クラッカー、小さめに切るかスライスしたタマネギ、4ペンス硬貨の厚みくらいに薄くスライスしたジャガイモと焼いておいた塩漬けブタを乗せる。この具材の層を重ねるごとに塩、コショウを少量ずつ振り、6回繰り返して6段にする。

. 小麦粉をボウルいっぱいの水で溶き、ひたひたになるまで鍋に注ぎ入れる。

. スライスしたレモンを足して香りをつける。

. トマトケチャップを1カップ入れれば最高の味になる。ビールを1カップ入れてもいい。アサリなどの貝類を少し足すと風味が引き立つ。

. できれば、湯気がほんの少し逃げるように蓋をする。

3. ほぼできあがるまで蓋を開けないこと。最後に味見して調整すればできあがり。

◉塩タラのパースニップ添え

チャールズ・エルミー・フランカテリ著『労働者階級向けの素朴な料理 *A Plain Cookery Book for the Working Classes*』（1861年）

. 前日から翌日の食事に備える。塩タラはかならずひと晩たっぷりの水に浸けておくこと。

2. 塩タラは、塩を入れずにたっぷりの冷水に入れてゆでる。

3. 完全に火が通ったら、水気をしっかりと切り、皿に盛りつけ、十分にゆでたパースニップ［ニンジンに似た白い根菜］をたっぷり添える。

4. タラの上からソースをかける。バター60*g*弱、小麦粉85*g*、塩、コショウ、酢を小さなグラス1杯分、水250*ml*を混ぜ、沸騰するまで火にかける。

5. 固ゆで卵を数個、崩して4のソースに混ぜると、さらに味が際立つ。

◉タラのスカロップ

［もともとはホタテ（スカロップ）の貝殻を皿にして魚などをソースであえ、パン粉をふって焼く料理］

ファニー・ファーマー著『ボストン・クッキングスクールの料理書 *The Boston Cooking-School Cookbook*』（1896年）

1. バターを塗った焼き皿にフレーク状にほぐしたタラを並べ、塩、コショウを振る。
2. その上に牡蠣を重ねる（牡蠣はまず溶かしたバターにくぐらせ、タマネギのしぼり汁、レモン果汁、カイエンペッパーで味つけしたら、クラッカーの粉をまぶす）。
3. オイスターエキス大さじ2を回しかける。
4. これを繰り返し、最後にバターと和えたクラッカーの粉を振りかける。
5. 高温のオーヴンで20分焼く。
6. オランデーズソース［バター、レモン

果汁、卵黄を混ぜ、塩、コショウ、カイエンペッパーなどで風味つけしたソース］など、卵入りのソースをかけて供する。

……………………………………………

◉塩タラのクリームソース

ファニー・ファーマー著『ボストン・クッキングスクールの料理書 *The Boston Cooking-School Cookbook*』（1896年）

1. 塩タラをぶつ切りにし、ぬるま湯に浸す。時間は硬さと塩気で決める。
2. 水気を切ったら、ゆるめのホワイトソースを1カップかける（生タラを使う場合はゆるめよりも少し煮詰めた濃いものが合う）。
3. 食卓に出す前に溶き卵1個をかけ、固ゆで卵のスライスを飾る。

……………………………………………

◉ブランダード・デ・モリュ（塩タラのペースト）

オーギュスト・エスコフィエ著『現代料理ガイド *A Guide to Modern Cookery*』（1907年）翻案。

1. 塩タラ約450gをぶつ切りにし、水を張った鍋に入れ、沸騰してから8分ゆでる。
2. ざるで水を切り、皮と骨をすべて取り除く。
3. フライパンに80mlの油を入れ、煙が出るまで熱する。
4. きれいに拭いたタラをフライパンに入れる。
5. インゲンマメ程度に刻んだニンニクを加え、タラが細かくほぐれるまで木べらを使って強火で炒める。
6. フライパンを火からおろし、かき混ぜながら約250mlの油を（マヨネーズなら少しずつ）加える。
7. 油を加えてペーストが固まってきたら、温めた牛乳大さじ1を何度かに分けて加え（タラ450gの場合は全部で120ml程度）、マッシュポテトくらいの硬さに仕上げる。
8. 食卓に出すまえに味見をし、調味料で味を調える。
9. ブランダードは温めたタンバル［円形の小さな深皿］に、ピラミッド型に盛りつける。
10. 仕上げに、バターで焼いた3角形のブレッドクラムを飾る。

注：3角形のブレッドクラムはひし形のパイでもいい。着色料は使わずに焼く。ブランダードを作るさいは、かならずアイスランドかニューファンドランドの塩タラ（モリュ）を十分水に浸してから使用すること。

……………………………………………

◉スフレ・ド・モリュ（塩タラのスフレ）

オーギュスト・エスコフィエ著『現代料理ガイド *A Guide to Modern Cookery*』（1907年）

1. ゆでてフレーク状にほぐした塩タラ（モリュ）120gを叩いてつぶす。
2. 熱くて濃厚なベシャメルソース［溶かしたバターと小麦粉を混ぜ、牛乳を加えてとろみをつけて塩、コショウで味つ

けしたソース。ホワイトソースの一種]大さじ２を少しずつ加えていく。

3. ペーストがさらりとなめらかになったら、味を調える。
4. ３をフライパンに入れて火をつけ、卵黄３個と、つのが立つまで泡立てた卵白４個分のメレンゲを加える。
5. バターを塗ったスフレ用の容器に入れ、通常のスフレ同様に調理する［スフレとはフランス語で「ふくらんだ」という意味。一般的に、メレンゲと他の材料を混ぜて焼き上げる菓子や料理］。

この料理にはアイスランドかニューファンドランドの塩タラ（モリュ）を使用すること。

……………………………………………

◉バカラオ・ア・ラ・ヴィスカイナ（バスク地方ヴィスカヤ風タラの郷土料理）

マヌエル・マリア・プガ・イ・パルガ著『日々の料理 *La cocina Práctica*』（1915年）

1. 塩タラ（バカラオ）の塩抜きをしたら、熱を通し、皮と骨を取り除く。
2. スキレットにたっぷりの油を入れ、パンをこんがりと揚げてすり鉢ですりつぶす。
3. その油で輪切りにしたたっぷりのタマネギとニンニクの小片をいくつか揚げる。
4. タマネギがやわらかくなったら、小さなフライパンに移し、タラとパン粉を入れ、パプリカ、トウガラシ、サフランを加えたら、シナモンをひとつまみ入れる。
5. タラが底につかないよう、ときどきかき混ぜながら弱火で加熱する。

……………………………………………

◉ケープ・コッド・ターキー（タラの詰め焼き）

シェイラ・ヒブン著『国民食：アメリカの台所史 *The National Cookbook : A Kitchen Americana*』（1932年）翻案。

中サイズのタラ…1尾
塩漬けブタ…スライス4枚
バター…大さじ3
だし汁…80ml
ドライヴェルモット…大さじ1½
小さめのタマネギ…1個
小さめのセロリの茎…1本
生パン粉…120g
タイム…小さじ¼
セージ…大さじ⅛
固ゆで卵…1個
塩、コショウ

1. 新鮮なタラを用意する。
2. ぬれ布巾でよく拭いたら、内側と外側に溶かしたバターを塗り、塩、コショウを振る。
3. 鍋にだし汁を入れて60mlまで煮詰め、ドライヴェルモットを足す。
4. フライパンに溶かしたバター大さじ2を入れて熱し、みじん切りしたタマネギとセロリを加える。
5. タマネギとセロリが茶色になる前に

粗く丸めた生パン粉を加え、ほんのりと焼き色をつける。
6. 3のだし汁を加え、タイムとセージ、刻んだ固ゆで卵を入れたら、塩とコショウでしっかりと味をつける。
7. タラの中に6の具を詰め込み、料理糸で縫い合わせる。
8. オーヴン用天板に塩漬けブタを敷き、タラを乗せる。
9. 塩、コショウを振りかけ、中温のオーヴンで焼く。途中で繰り返し、ブタから出た脂をすくって上からかける。
10. 450*g* のタラの場合15分焼く。焼き上がったら温めた大皿に乗せ、4つ切りにしたレモンを添えて供する。

………………………………………………

◉トリスカース・ソーソム・イース・ヴィーシュニ・クラースノゴ・ヴィーナ（タラのチェリー&赤ワインソース）

エレナ・イワノヴナ・モロホウェッツ著『若き主婦への贈り物 *A Gift to Young Housewives*』（1861年）

1. トマトソースのタラ同様、牛乳でタラを煮る［生タラもしくは酢漬けした（マリネした、または、発酵させた）塩味の薄いタラを2時間水に浸け、洗い、水を換えて2度沸騰させ、熱湯を流しかけ、沸かした成分無調整牛乳をひたひたに注いで火を通しておく］。
2. 牛乳を捨て、熱湯を流しかけて洗い、ふたたび水気を切る。
3. 鍋にチェリー・ピューレ¼カップとスプーン山盛り1杯のバターを合わせて熱し、1½カップの水またはだし汁でのばす。
4. 砂糖（好みで）、つぶしたクローブ2～3個、シナモン少々、水大さじ1で溶いた片栗粉小さじ1を加えて熱する。
5. 赤ワイン½～1カップを加え、沸騰させたらタラにかける。

………………………………………………

現在のタラ料理

●アキーと塩タラ

ジェシカ・B・ハリス博士のレシピより（転載許諾済み）。

4人分
塩タラ（骨を取り除く）…60*g*
ベーコンのブロック（2.5*cm* 角に切る）…3片
バター…28*g*
中サイズのタマネギ（みじん切り）…1個
ニンニク（みじん切り）…6片
中サイズのトマト（小さな角切り）…2個
缶詰のジャマイカ・アキー…500*g*
ジャマイカ産タバスコなどの調味料…5*g*
注：缶詰のアキーはとても崩れやすいので、フォークでやさしくかき混ぜること。

1. 沸騰したたっぷりの湯に塩タラを入れ、蓋をして5分ゆで、塩抜きする。

. 湯を捨てたら流水でタラを冷やす。手で身をほぐし、置いておく。
. 大きなスキレットでベーコンをカリカリになるまで焼く。
. バターを加え、わずかに泡が出るまで熱する。
. タマネギとニンニクを加え、タマネギが透明になるまで炒める。
トマトとタバスコを入れたらさらに5分炒める。
. 塩タラを入れて混ぜ、蓋をして、火を弱め、3分たったら味見する。
. アキーをそっと混ぜ入れ、蓋をして、アキーに火が通り、味が染み込むまで炒める。
. ねばついてきたら、少量の水を足してもいい。
0. 熱いうちに供する。

………………………………………………

●バカリャウ・ア・ブラス(塩タラの卵とじ)

ダヴィド・レイテのウェブサイト、「レイテの料理Leite's Culinaria)」に2003年にアップされたレシピより(転載許諾済み)。

乾燥塩タラ(ひと晩水に浸けて火を通す)…450g
オリーヴオイル…大さじ7(分けて使用)
ラセットポテト[日本の男爵に似た品種](皮をむき、マッチ棒サイズにカットする)…680g(約6カップ)
大きめのタマネギ(薄くスライスする)…1個
ローリエ…1枚
大きめの卵…8個
塩…小さじ½
ブラックペッパー(挽きたて)…小さじ½
イタリアンパセリ(みじん切り)…大さじ4(分けて使用)
ブラックオリーヴまたはグリーンオリーヴ…18個

1. タラをフレーク状にほぐし、骨をすべて取り除く。
2. 厚手で大きなテフロン加工のスキレット(フライパン)にオリーヴオイル大さじ4を入れて強めの中火で熱する。
3. ジャガイモを数回に分け、各7分程度、カリッと黄金色になるまで炒め、キッチンペーパーにあけて油を切る。
4. 同じスキレットにオリーヴオイル大さじ1を足し、タマネギとローリエを入れて焼き色がつくまで15分ほど炒める。
5. ローリエを取り除き、弱火にする。
6. 残りのオリーヴオイル大さじ2を入れ、タラとジャガイモを加える。
7. 大きなボウルで卵を溶き、塩小さじ½、ブラックペッパー小さじ½を加えてかき混ぜる。
8. スキレットに、7とパセリ大さじ3を加える。
9. 卵がゆるめに固まるまで、3分ほど、ときどきかき混ぜながら中火で熱する。
10. 大皿に移し、オリーヴと残りのパセリ大さじ1を飾る。

◉バカリャウ・ア・ゴミス・デュ・サ（ゴミス氏の塩タラ）

ダヴィド・レイテのウェブサイト、「レイテの料理（Leite's Culinaria）」に2018年にアップされたレシピより（転載許諾済み）。

- オリーヴオイル
- 大きめのスペインタマネギ［刺激が少なく水分が多い］（半分に割ってから半月型に切る）…2個
- ローリエ…2枚
- ニンニク（みじん切り）…4片
- 塩、挽きたてのコショウ
- ユーコン・ゴールド・ポテト［日本のメークインに似た品種］（1～3*mm*の厚さにスライス）…800*g*
- 塩タラ（塩抜きして火を通す）…680*g*
- オイル漬けの種なしカラマタオリーヴ（スライスする）…120*g*（と飾りつけにも少々）
- 大きめの固ゆで卵（5～6枚の輪切りにする）…4個
- 大きめの固ゆで卵（4つに縦切り）…2個
- イタリアンパセリ（みじん切り）…大さじ2

1. オーヴン中段に天板を入れ、175℃に予熱する。
2. 大きめのスキレット（フライパン）に油（大さじ3～4程度）を入れ、強めの中火で熱する。
3. 油が熱くなったらタマネギとローリエを入れる。
4. 蓋をして、ときどきかき混ぜなが
タマネギが色づいてしんなりするま
20～25分炒める。
5. ニンニクを足し、さらに1分炒め
6. スキレットを火からおろし、少し
ます。
7. そのあいだに、2リットル用キャ
ロールにオリーヴオイルをたっぷり
り、底面に塩とコショウを振る。
8. 具材を少しずつ使って何層かに重
ていく。まず、ジャガイモを敷き、
心円状に花形になるように並べる。
9. その上に炒めたタマネギとオリー
を散らし、次にタラを、その次に輪
りの卵1個分を乗せる。
10. ジャガイモを蓋をするようにか
せ、ドクドクとオリーヴオイルをか
たら、塩、コショウをたっぷり振る。
11. 9～10を繰り返し、最後はジャ
イモで終える。
12. 途中、具材が均等で平らになるよ
ときどき上から押しつける。
13. アルミホイルで蓋をし、予熱して
おいたオーヴンに入れる。
14. ジャガイモがやわらかくなり、
ォークかクシを刺してすっと通るまで
30～60分焼く（重ねた層数で調
する）。
15. アルミホイルを取り、表面に焼き
色がつくまでさらに10分ほど焼く。
16. 天板を取り出し、キャセロールを
少し冷ます。
17. 上からカラマタオリーヴ、パセリ

縦割りの卵を飾る。

8. 自信を持って食卓に運ぶ。さあ、みなさん、どうぞ召し上がれ！

……………………………………………

◉オクポロコ・スープ

グラディス・プラマー著『イボ族の料理書 *The Ibo Cookery Book*』（1947年）翻案。

オクポロコ（ナイジェリアの干しタラ）
ほうれんそう…1把
キャノーラ油またはにおいの少ない植物油…大さじ3
オギリ・イガラ（発酵させたゴマなどの油糧種子で作った調味料）
塩…適量
大きめのタマネギ…1個
大粒のコショウの実…2個

1. オクポロコを洗って5分水に浸ける。
2. 湯を沸かし、オイル、挽いたコショウ、オギリ・イガラを加える。
3. スープが沸騰したら、ほうれんそうとオクポロコを入れる。
4. パウンデッド・ヤム［ヤムイモを臼でついたもので、もちもちのマッシュポテトのような食感がある］を添えて供する。

……………………………………………

◉タラのレモン・ペッパー焼き

カナダ漁業・林業・農業省ニューファンドランド・ラブラドル支部のレシピより（転載許諾済み）。

メインディッシュ　4人分

数種ミックスしたコショウの実（粗く砕く）…大さじ4
中力粉…大さじ2
塩…小さじ¼
タラの切り身（皮を取る）…170gを4切れ
ニンニク（つぶす）…1片
ディジョンマスタード［フランスの街ディジョンの特産品。一般的な粒マスタードよりまろやかな辛さが特徴］…大さじ1
大きめのレモンの果汁と皮…1個分
オリーヴオイル…大さじ3
新鮮なコリアンダー（みじん切り）…大さじ2
塩、コショウ

1. コショウの実、中力粉、塩を混ぜる。
2. タラの身の両面に1の衣をつけ、軽く押してなじませる。
3. 小さめのボウルに、ニンニク、マスタード、レモン果汁と皮、オイル、コリアンダーを入れて混ぜてソースを作り、塩とコショウで味を調える。
4. テフロン加工の大きなフライパンに、無脂肪調理油スプレーで油を引き、タラを入れたら強めの中火で焼き色がつくまで片面ごとに約3分ずつ焼く。
5. タラを皿に移し、保温しておく。
6. フライパンにソースを流し入れ、少し量が減るまで2分ほど煮詰める。
7. ソースをタラにかける。
8. ローストポテトと緑色の野菜、またはグリーンサラダを添えて出すのがおすすめ。

◉タラのコブラー

［通常のコブラーは果物の上にパイ生地を乗せて焼く菓子］

カナダ漁業・林業・農業省ニューファンドランド・ラブラドル支部のレシピより（転載許諾済み）。

タイセイヨウタラの切り身…680g
無塩バター…350g
小麦粉…40g
成分無調整牛乳…450ml
チェダーチーズ（おろす）…120g

〇ビスケット・トッピング
チェダーチーズ（おろす）…60g
無塩バター…大さじ4
ベーキングパウダー…小さじ1
小麦粉…210g
食卓塩…小さじ¼
成分無調整牛乳…115ml
卵…1個

1. 油を塗った23×23cmのキャセロールの底にタラを並べる。
2. チーズソースを作る。まず、溶かしたバターと小麦粉を混ぜて2～3分加熱する。
3. 少しずつ牛乳を足し、つねにかき混ぜながら煮詰める。
4. チーズを加え、溶けるまで混ぜたら、タラにかける。
5. ビスケットを作る。小麦粉、塩、ベーキングパウダーを混ぜてふるいにかけ、バターとこすりあわせてぼそぼそしてくるまでこね、チーズを加える。
6. 牛乳と卵を混ぜ、5と合わせたらやさしくこねて成形できる生地にする。
7. 小麦粉を薄く振った板の上で生地を伸ばし、ビスケットカッターで円形に切り取る。
8. ソースをかけたタラの上に7を並べる。
9. ビスケットの表面に刷毛で牛乳を塗り、チーズを少々散らす。
10. 230℃のオーヴンで25～30分焼く。

◉タラ・タコス

ビジネス・アイスランドのレシピより（転載許諾済み）。

〇魚
タラの切り身…200g
ガーリックオイル…50g
チリソース

〇衣
ビール…550ml
小麦粉…400g
塩…10g
ベーキングソーダ（重曹）…10g

〇コールスローサラダ
ニンジン（千切り）…50g
キャベツ（千切り）…150g
紫キャベツ（千切り）…150g
ライムのしぼり汁…1個分
塩…4g
リンゴ酢…50ml

パセリ…2g（ひとつまみ）

〇チリマヨ
マヨネーズ…200g
チリソース（シラチャーソース［唐辛子・ニンニク・砂糖・酢などを使ったタイ風チリソース］）…15g

〇その他
トルティーヤ（15cm サイズ）
ライムのスライス
コリアンダーの葉（みじん切り）
揚げ油…1.5 リットル
ネギ

1. 紫キャベツ、キャベツ、ニンジンをフライパンで蒸し、リンゴ酢、ライムのしぼり汁、塩を加える。
2. パセリを加えたら火からおろす。
3. 衣を用意する。小麦粉とベーキングソーダ、塩、ビールを合わせてかき混ぜる。
4. タラを約 5cm の棒状にカットし、ガーリックオイルとチリソースをすり込む。
5. 衣をつけて、180℃の油で 5 分、しっかりと揚げる。
6. トルティーヤに乗せ、コールスロー、チリマヨ、ネギ、コリアンダー、ライムのスライスを添えて供する。

…………………………………………

◉ニューイングランドのタラチャウダー

シェフ、ジャスパー・ホワイト著『50 種のチャウダー：鍋料理――アサリ、コーンほか *50 Chowders : One-Pot Meals – Clam, Corn & Beyond*』（2000 年）より（転載許諾済み）。

メインディッシュ　8 人分
味の濃い塩漬けブタ（硬い外皮を切り取り、1cm のサイコロ状にカットする）…110g
無塩バター…大さじ 2
中サイズのタマネギ（2cm の角切り）…2 個（400g）
サマーセイボリーまたはタイム（葉を取ってみじん切り）…6 〜 8 枝分（大さじ 1）
乾燥ローリエ…2 枚
ユーコン・ゴールド・ポテト、メイン州のジャガイモ、プリンス・エドワード・アイランド・ポテト（PEI）、または一般のジャガイモ（皮をむいて 1cm の厚さにスライス）…900g
濃厚で伝統的な魚のだし汁、鶏がらスープ、あるいは、水（スープがどうしても手に入らないとき）…1.2 リットル
コーシャーソルト［添加物を含まない粗粒の自然塩］か粗い海塩と挽きたてのコショウ
皮を取ったコダラかタラの身（できれば厚さ 5cm 以上で小骨を取り除いたもの）…1400g
濃厚なクリーム…360ml（お好みで 480ml まで増量可）
飾りつけ：新鮮なイタリアンパセリと新鮮なチャイブ（ともにみじん切り）…各大さじ 2

1. 厚手の鍋5～6リットル用を弱火にかけ、サイコロ状にカットした塩漬けブタを入れる。
2. 大さじ数杯ほどの豚脂が出たら、中火にしてブタにこんがり色がつくまで焼く。
3. 穴あきおたまで焼きかすをすくってオーヴン可の小皿に移し（あとで使用する）、豚脂は鍋に残しておく。
4. 鍋にバター、タマネギ、セイボリーまたはタイム、ローリエを入れ、木べらでときどきかき混ぜながら、タマネギが茶色くならないようやわらかくなるまで8分ほど炒める。
5. ジャガイモとだし汁を加える。もしジャガイモが汁に埋まらなければ、ひたひたになるまで水を加える。
6. 火を強め、沸騰させ、蓋をして、ジャガイモの外側がやわらかく芯が残る程度に10分ほど煮込む。
7. スープにとろみが出ていなければ、デンプン質が溶け出すようジャガイモ少量を鍋肌で押しつぶし、1～2分煮込む。
8. 火を弱め、塩とコショウでしっかりと味をつける（タラを入れたあと何度もかき回さなくてすむように、ここでチャウダーの味を濃いめにしておく）。
9. タラの切り身を入れ、弱火で5分煮たら、鍋を火からおろし、10分置く（このあいだにタラにしっかり味が入る）。
10. やさしくかき混ぜ、塩、コショウの加減を見る。
11. 1時間以内に出さない場合は、少
冷ましてから冷蔵庫で保存する。チ
ウダーが完全に冷めたあと蓋をする
と。
12. 1時間以内に出す場合は、室温で
管し、味を染み込ませる。
13. 食卓に出すときは弱火で温める
けっして沸騰させないように。
14. 3の焼きかすを、数分、低温のオ
ヴン（200℃）で焼き直す。
15. 穴あきおたまでタラ、タマネギ
ジャガイモを大きめのスープ皿か浅
ボウル型の器の中央に盛り、周りに
リーミーなスープをおたまでかける。
16. 各皿に焼きかすを散らし、最後
みじん切りのパセリとチャイブを飾

……………………………………………

◉大統領の誕生日メニュー　プロックフ
ィスクル（アイスランドのタラシチュー

シェフ、マルグレット・トーラシウス（アイスラン
ド大統領グズニ・トーラシウス・ヨハンネソンの母
の料理、ビジネス・アイスランドのレシピより（転
載許諾済み）。

タラかコダラの身…600g
中サイズのタマネギ…1個
ジャガイモ…500g
小麦粉…大さじ3
バター…50g
魚のだし汁…約300ml
塩、粗挽きコショウ

1. 鍋に湯を沸かし、沸騰したらタラを

入れる。

ごく弱火にし、蓋をして10分ほど置く。

タマネギはみじん切りにし、ジャガイモは皮をむいてゆでる。

タラを鍋から取り出し、皿に移しておく。

フライパンでバターを熱し、タマネギを炒め、小麦粉を少しずつ足してかき混ぜながらルーを作る。

だし汁を入れ、ルーがなめらかなプリンのようになるまでかき混ぜる。

火を弱め、フレーク状にほぐしたタラと粗くつぶしたジャガイモを入れ、ソースとからめる。

塩、コショウを足して味を見る。

焼きたてのライ麦パンとたっぷりのバターを添えて、さあ、召し上がれ！


……………………………………………

◉ストッカフィッソ・アッコモダート・ア・ラ・リグーリア（イタリア、リグーリア風干しタラの煮込み）

ノルウェー水産物審議会のレシピより（転載許諾済み）。

メインディッシュ　4人分
エキストラ・ヴァージン・オリーヴオイル…大さじ2
ニンニク…1片
松の実…50*g*
オリーヴ（グリーン、または、グリーンとブラック）…100*g*
アンチョビ油漬け…2切れ
紫タマネギ（みじん切り）…1個
ニンジン（みじん切り）…1本
セロリの茎（みじん切り）…1本
干しタラ（水に浸けて洗う）…600*g*
白ワイン…75*ml*
トマトピューレまたはソース（果肉入り缶詰でも可）…400*ml*
ジャガイモ…500*g*
塩、コショウ

1. 鍋かキャセロールにオリーヴオイルを入れて熱する。
2. ニンニク（皮はむき、そのまま使う）、松の実、オリーヴ、アンチョビを加え、炒める。
3. みじん切りにしたセロリ、ニンジン、タマネギを加える。
4. 干しタラの骨を取り除き、切り分け、鍋に入れる。
5. 白ワインを入れたら強火で約10分煮てアルコール分をすべて飛ばし、トマトピューレを加えてかき混ぜる。
6. 皮をむいて大きめに切ったジャガイモを入れる。
7. 具材がひたひたに埋まるまで水を入れ、塩、コショウで味を調える。
8. 蓋をして、強めの中火で1時間30分煮たら供する。

……………………………………………

◉ストッカフィッソ・ディ・ノルヴェジア・ドラート（ノルウェー風タラの黄金揚げ）

ノルウェー水産物審議会のレシピより（転載許

諾済み）。

前菜　4人分
エキストラ・ヴァージン・オリーヴオイル
…大さじ2～3
小麦粉…タラにまぶす分
干しタラ（水で戻し、洗って水気を切る）
…800g
ニンニク…2片
ケッパー…ひと握り分
ブラックオリーヴ…150g
チェリートマト（半分にカット）…500g
塩、コショウ
新鮮なバジル

1. タラを大きめに切り分け、小麦粉をまぶして油で揚げる。
2. フライパンにニンニク、オリーヴオイル大さじ2～3、ケッパー、オリーヴ、半分に切ったトマトを入れる。
3. 5～6分炒めたら塩とコショウで味を調える。
4. タラに3のソースをかけ、バジルを添え、グリーンサラダとともに供する。

……………………………………………

◉伝統的なルートフィスク

ノルウェー水産物審議会のレシピより（転載許諾済み）。

メインディッシュ　4人分
ルートフィスク（あらかじめ灰汁に浸けてから洗っておく）…2kg
ベーコン…200g
塩…大さじ2

・豆シチュー
乾燥イエローピー［黄色いエンドウマメ
…240g
バター…小さじ1
塩
砂糖

1. オーヴンを200℃に予熱しておく。
2. ルートフィスクを適宜切り分け、
面を下にして天板に置く。
3. 塩を振ったらアルミホイルをかぶ
るか蓋をする。
4. オーヴンで約30分焼く。ルート
ィスクが小さめなら少し短めに。
5. ベーコンは角切りにして中火で焼
溶け出した脂でカリカリにする。
6. 豆シチューは、あらかじめ豆をひ
晩浸けておき、真水に入れてやわら
くなるまで煮たら、とろみがつくま
45分ほど煮込む。固まりすぎたら
を加える。
7. バターをそっと入れ、塩と砂糖少
を加えて味を調える。
8. ベーコン、豆シチュー、アーモン
ポテト［ノルウェーのジャガイモ。ア
モンドのような形をしている］を添え
供する。

エリザベス・タウンセンド（Elisabeth Townsend）
20年以上にわたり、食品、旅行、ワインに関する記事を数多く執筆。ボストン・グローブ紙ほか、食材やワインの専門誌に寄稿してきた。著書に『ロブスターの歴史（[「食」の図書館シリーズ、原書房、2018年）がある。アメリカ、マサチューセッツ州コンコード在住。

内田智穂子（うちだ・ちほこ）
学習院女子短期大学英語専攻卒。翻訳家。訳書に、エドワーズ『雑草の文化誌』（花と木の図書館シリーズ）、フッド『ジャム、ゼリー、マーマレードの歴史』（「食」の図書館シリーズ）、サウスウェル、ドナルド『図説 世界の陰謀・謀略論百科』、コノリー『図説 呪われたアメリカの歴史』、エリオット『図説　バラの博物百科』（以上、原書房）、ベギーチ『電子洗脳――あなたの脳も攻撃されている』（成甲書房）などがある。

Cod: A Global History by Elisabeth Townsend
was first published by Reaktion Books, London, UK, 2022 in the Edible series.

「食」の図書館

タラの歴史

●

2023年2月26日　第1刷

著者……………エリザベス・タウンセンド

訳者……………内田智穂子

装幀……………佐々木正見

発行者……………成瀬雅人

発行所……………株式会社原書房

〒160-0022 東京都新宿区新宿 1-25-13

電話・代表 03(3354)0685

振替・00150-6-151594

http://www.harashobo.co.jp

印刷……………新灯印刷株式会社

製本……………東京美術紙工協業組合

ISBN 978-4-562-07217-0, Printed in Japan